PRÁTICAS DE ENSINO PARA UMA GEOGRAFIA NO SÉCULO XXI

NILTON M. L. ADÃO

PRÁTICAS DE ENSINO PARA UMA GEOGRAFIA NO SÉCULO XXI

Como os recursos digitais podem ser aliados do professor no terceiro milênio

Freitas Bastos Editora

Copyright © 2023 by Nilton M. L. Adão.
Todos os direitos reservados e protegidos pela Lei 9.610, de 19.2.1998.
É proibida a reprodução total ou parcial, por quaisquer meios, bem como a produção de apostilas, sem autorização prévia, por escrito, da Editora.

Direitos exclusivos da edição e distribuição em língua portuguesa:

Maria Augusta Delgado Livraria, Distribuidora e Editora

Editor: *Isaac D. Abulafia*
Diagramação e Capa: *Julianne P. Costa*

Dados Internacionais de Catalogação na Publicação (CIP) de acordo com ISBD

```
A221p     Adão, Nilton M. L.
              Práticas de Ensino para uma Geografia no Século XXI:
          como os recursos digitais podem ser aliados do professor
          no terceiro milênio / Nilton M. L. Adão. - Rio de
          Janeiro, RJ : Freitas Bastos, 2023.
              100 p. ; 15,5cm x 23cm.

              ISBN: 978-65-5675-246-4
              1. Geografia. 2. Aprendizagem em geografia. 3. Didática
          em geografia. 4. Ensino de geografia. 5. Espaços virtuais.
          6. Metodologia de ensino de geografia. 7. Metodologia da
          geografia. 8. Geografia do ciberespaço. 9. Geografia 4.0.
          10. Professor de geografia. I. Título.
                                                            CDD 910
2022-4073
                                                            CDU 91
```

Elaborado por Vagner Rodolfo da Silva – CRB-8/9410

Índices para catálogo sistemático:
1. Geografia 910
2. Geografia 91

Freitas Bastos Editora
atendimento@freitasbastos.com
www.freitasbastos.com

REFLEXÕES INICIAIS:
entre nativos e imigrantes

A vida de professor é uma aventura que propicia vários diários com alegrias, desilusões, arrependimentos, satisfações. No Brasil desigual, as aventuras são mais intensas.

Nas nossas escolas, quase sempre, faltam estruturas, culturas e serviços. Na nossa profissão falta apoio, salário justo, capacitação e reconhecimento. Nos nossos alunos, muita das vezes, faltam família, respeito, comida, tranquilidade e o gosto pelo estudo que não o cativa. Claro que as realidades são diversas e também temos bons motivos para a paixão pela profissão.

É para quem tem essa paixão que busco escrever esse livro. A paixão que mobiliza o amor pelo processo de ensino e aprendizagem significativo. É nessa perspectiva que trazemos à tona o uso das tecnologias.

Como professores de Geografia somos a dualidade entre o físico e o humano que se integram. Somos os conceitos carregados de significados cotidianos. Uma disciplina que pode ser exemplificada pelas relações existentes. É nesse contexto, que procuramos explorar a relação entre as nossas crianças e adolescentes nativos digitais com as tecnologias. Tecnologias que podem ser objeto e ferramentas para o estudo. Ou até mesmo a junção das duas possibilidades.

Assim, embarcamos no desafio de trazer as possibilidades de um ensino de Geografia em que os conceitos fundamentais tenham significância na formação escolar dos discentes. Destarte, são apresentados exemplos práticos, movidos pela paixão de ser professor e pelo amor ao processo de ensino e aprendizagem em que o discente é o foco. É nesse foco que emergem as tecnologias que já são parte do cotidiano dos nativos digitais.

No mundo em que nasceram esses nativos, estamos cercados de aparelhos eletrônicos e a rede de internet está presente em diferentes e diversos hábitos do nosso cotidiano. Muitos desses hábitos não existiam antes dela. Os nativos não conheceram outro mundo. Um mundo em que as maiorias dos professores são imigrantes.

Mas, em breve, todos os professores também serão nativos desse mundo digital. Também há o fato de no Brasil termos a exclusão digital. Assim, também é possível termos situações em que o imigrante esteja mais inserido na cultura digital do que muitos que nasceram nessa era, mas que são excluídos diante de uma condição socioeconômica. Mesmo assim, vivemos uma escalada progressiva de implantação da cultura digital nas escolas, mesmo com todas as dificuldades citadas no início dessa pequena reflexão.

Destarte, discentes nativos e docentes imigrantes e futuros nativos, tendem a estar cada vez mais aproximados das Tecnologias de Comunicação e Informação. (Re)conhecê-las e reforçá-las nas práticas pedagógicas é também uma necessidade diante da interatividade e conectividade cada vez mais intensa na contemporaneidade.

> **Obs.:**
> Como estratégia para uma maior interatividade, os capítulos deste livro não exigem uma leitura linear, possibilitando ao leitor produzir o próprio itinerário.

Boa leitura!!!!

Nilton

SUMÁRIO

REFLEXÕES INICIAIS:
entre nativos e imigrantes — **5**

1.
PENSAR O ENSINO DA GEOGRAFIA FRENTE AOS NOVOS "ESPAÇOS" DE UM NOVO MUNDO NÃO TÃO NOVO PARA OS NATIVOS DIGITAIS — **9**

2.
OS CONCEITOS FUNDAMENTAIS NO ENSINO DA GEOGRAFIA — **17**

2.1 Espaço Geográfico — 18
2.2 Território — 19
2.3 Paisagem — 20
2.4 Lugar — 21
2.5 Região — 21

3.
O ENSINO DA GEOGRAFIA E A INTERAÇÃO NOS ESPAÇOS VIRTUAIS — **23**

4.
O METAVERSO E O ENSINO DO TERRITÓRIO — **35**

5.
OS JOGOS VIRTUAIS E O ENSINO DO LUGAR   **51**

6.
**SAÍDA DE CAMPO VIRTUAL E O
ENSINO DA PAISAGEM**   **61**

7.
**PRODUÇÃO DE VÍDEOS E O ENSINO
DA REGIÃO**   **73**

8.
**INTELIGÊNCIA ARTIFICIAL E O ESTUDO
DO ESPAÇO**   **79**

9.
**TENDO O FIM COMO COMEÇO:
REFLEXÕES DO FUTURO "PRESENTE" NO
ENSINO DA GEOGRAFIA. APRENDER É
PRECISO, ENSINAR NÃO É PRECISO**   **89**

REFERÊNCIAS   **97**

1.

PENSAR O ENSINO DA GEOGRAFIA FRENTE AOS NOVOS "ESPAÇOS" DE UM NOVO MUNDO NÃO TÃO NOVO PARA OS NATIVOS DIGITAIS

> Por isso eu pergunto
> A você no mundo
> Se é mais inteligente
> O livro ou a sabedoria
>
> O mundo é uma escola
> A vida é o circo
> Amor: Palavra que liberta
> Já dizia o profeta
> (Marisa Monte, Gentileza)

Pensar em possibilidades de ensino alinhadas com as novas tecnologias é um ato de amor. Amor, não pela tecnologia, mas pelo processo de ensino e aprendizagem em que o professor e discentes são agentes construtores das "liberdades" almejadas na visão freiriana de se libertar do obscurantismo interpretativo para compreender e agir no e com o mundo a partir da criticidade.

Ainda me apropriando do grande mestre, é valido mencionar que "há uma pluralidade nas relações do homem com o mundo, na medida em que responde à ampla variedade dos seus desafios. Em que não se esgota num tipo padronizado de resposta" (FREIRE, 1967, p. 39-40). A educação de fato se dá por relações, sendo assim o amor necessário. Diante disso, vale indicar que um processo de ensino e aprendizagem efetivo também perpassa pela afetividade da convivência. Humberto Maturana, nos mostra que essa relação perpassa pelas interações que efetivadas na afetividade das relações e no amor por esse processo, possibilita novas formas de convivência e experiências positivas.

> O amor é a emoção que constitui o domínio de ações em que nossas interações recorrentes com o outro fazem do outro um legítimo outro na convivência. As interações recorrentes no amor ampliam e estabilizam a convivência; as interações recorrentes na agressão interferem e rompem a convivência. (MATURANA, 2002, p. 23)

Ampliar a convivência a partir das diferentes interações em um mundo cada vez mais interativo por conta das Tecnologias da Informação e Comunicação é deveras desafiador. Também é apropriado afirmar que é desafiador analisar e apresentar o uso da tecnologia como instrumento do processo educativo em um país desigual com tantas carências estruturais, intelectuais e motivacionais. Principalmente nas esferas menos favorecidas da sociedade.

Ao mesmo tempo, é válido pensar que a sociedade muda com os adventos tecnológicos alinhados às relações em redes informatizadas que dão significados às relações sociais, que são tão sólidas quanto solúveis, diante do dinamismo nos diferentes espaços existentes e modificados.

O tempo é efêmero e a vida escolar é momentânea com mudanças relacionais no espaço e no tempo. Cada vez mais percebemos ao ministrar aulas para o Ensino Médio, que o/a adolescente que iniciou no primeiro ano apresenta comportamentos diferentes dos que estão no terceiro ano quando iniciaram a sua trajetória nessa etapa da Educação Básica. Ou seja, como professores vemos cada vez mais, por conta da velocidade das evoluções tecnológicas, as gerações se encurtarem ao mesmo momento em que também fazemos parte das transformações socioespaciais em tempos cada vez mais curtos.

Acentua-se assim, as palavras de Perrenoud (2001, p. 130) "ensinar é uma profissão difícil, na qual nada é estável: cada nova turma é uma incógnita, cada aluno em dificuldade é um enigma, cada ano letivo é uma aventura que só se revela às vésperas das férias de verão".

É nesse contexto que o professor tem em cada discente, turmas e recursos, o próprio objeto de estudo em trans/formação. No amor pelo conhecimento e pela educação como agente transformador é que se constrói o território existencial do docente. Assim, o saber é mais "inteligente" que o livro. Destarte, a inteligência é única quando se apropria do saber diante das diferentes motivações possíveis para constituição da sabedoria.

Dessa forma, ao propor uma práxis educativa com o uso das tecnologias parto de um pressuposto defendido por Demo (2011, p. 147) de que "não existe *software* educativo: o educativo do *software* está no educador ou no estudante, não no artefato tecnológico".

Ao tratar dessas questões, é importante a busca de uma aprendizagem significativa ao se considerar as potencialidades e limitações que envolvem o processo de ensino e aprendizagem na educação geográfica. Defende-se que a escola pulsa no e se forja a partir da sua estrutura, cultura, sujeitos envolvidos e conhecimentos almejados. Aqui nos limitamos à Geografia, mas é uma reflexão pertinente em todo o processo de construção de conhecimento no contexto escolar.

No entanto, ao pensarmos em um ensino de Geografia de qualidade precisamos reconhecer a importância das estruturas existentes. Ou seja, os arranjos espaciais, dos recursos disponíveis em quantidade e qualidade e a qualidade dos ambientes existentes. Por arranjos espaciais da escola, consideramos as possibilidades de usos dos espaços disponíveis a partir de proximidades entre salas, laboratórios e espaços de convivências e práticas pedagógicas. Também é importante considerar, no planejamento quais são os recursos disponíveis e como contemplam em quantidade as necessidades de atendimento aos discentes, por exemplo, acesso à internet e número de computadores. Há também de se considerar, a qualidade dos ambientes existentes como iluminação, climatização, cobertura e velocidade de rede de internet e configurações de equipamentos adequadas.

Ao pensarmos a cultura escolar, é coerente percebemos como o corpo discente é recebido e compreende a sua escola, como as diferentes funções são percebidas e articuladas nas escolas e as suas abordagens. O uso adequado da estrutura e o fortalecimento ou a negação das culturas associa-se aos agentes envolvidos e as práticas e métodos de ensino. Por exemplo, técnicos pedagógicos envolvidos e articulados com os docentes, fortalecem as práticas pedagógicas e, consequentemente, a qualidade do ensino.

Assim, cultura e estrutura impulsionam as diferentes motivações que são fundamentais para os diferentes desempenhos de papéis (professor, aluno, diretor, orientador, supervisor, pedagogo, bibliotecário, responsáveis pelos alimentos, limpeza, segurança e áreas de lazer etc.). Diante da junção e ações dos diferentes agentes, se inserem os conhecimentos almejados e perseguidos a partir das práticas pedagógicas escolhidas.

No entanto, a aprendizagem só se faz significativa quando o aluno é o sujeito e o objeto da aprendizagem. Assim, aluno é meio e fim em si próprio em uma educação que o tem no centro de todo o processo. Diante dessa importância dada, uma escola efetiva ao lidar também com a subjetividade torna-se afetiva e o prazer pelo conhecimento é transformador.

No caso da educação geográfica, ainda se faz necessário, como pensa Castellar (2011) substituir as aprendizagens repetitivas e arbitrárias por novas práticas de ensino. Uma "novidade" almejada já por Rui Barbosa no século XIX e Delgado de Carvalho no início do XX (ROCHA, 2019), assim como também, nos movimentos seguintes de oposição ao "modelo bancário" de educação.

Mesmo assim, apesar de tudo, ainda encontramos as velhas práticas por séculos criticadas. Diante disso, mesmo com as informações e recursos tecnológicos disponíveis, e também com as mudanças sociais e culturais, uma abordagem mais efetiva e afetiva é desafiadora.

Já tratamos da importância da cultura e da estrutura escolar. Aqui as trazemos como base para o desenvolvimento de métodos e práticas de ensino com a finalidade de trabalhar os objetivos e objetos do conhecimento em que efetividade afetiva da aprendizagem discente é o foco. Assim, temos o que chamo de macroestrutura do processo de ensino e aprendizagem.

Figura 1 — Macroestrutura do processo de Ensino e Aprendizagem

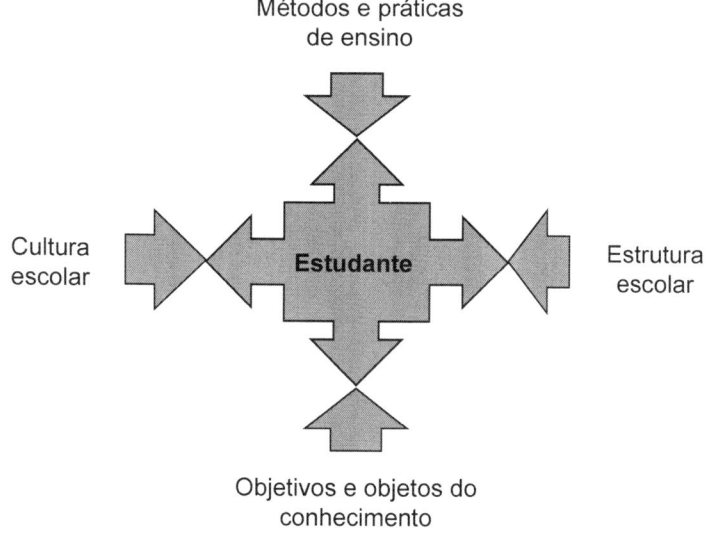

Fonte: Elaborada pelo autor

Por objetivos e objetos do conhecimento temos os temas a serem trabalhados e suas pretensões como componentes da formação discente. Já os métodos e práticas de ensino, considero as escolhas docentes que dependem do conhecimento do currículo, da cultura e estrutura escolar, conhecimentos pedagógicos e das realidades discentes.

Como objetivos e objetos do conhecimento em Geografia, está o fato de realizar a leitura espacial do mundo ampliando o raciocínio geográfico. Ou seja, ampliar a capacidade de interpretar os fenômenos físico-naturais e as formas de uso, ocupações e relações humanas no espaço. Nesse contexto, os conceitos fundamentais em Geografia se apresentam como instrumentos de interpretação das realidades. Não se trata de pensar o conceito, mas de pensar por meio dos conceitos.

Neste caso, os conceitos são de relevância para o entendimento e interpretação dos objetos do conhecimento por meio dos que são fundamentais em Geografia como espaço, lugar, território, região, paisagem são base para alcançar os objetivos de aprendizagem. A

Geografia, mais do que uma disciplina de interpretação espacial, indica formas de entender e se ver no espaço. Essas elaborações, com bases conceituais, potencializam a construção de identidades capazes de protagonizar novas atitudes no espaço-tempo.

Já os métodos e práticas de ensino em Geografia requerem a associação entre a intencionalidade e a melhor estratégia para atingir os objetivos do conhecimento de acordo com as estruturas, arranjos, objetos do conhecimento e as necessidades e potencialidades docentes e discentes.

No caso do ensino da Geografia, ainda são corriqueiras as estratégias mais tradicionais das práxis docentes, muitas vezes pautadas no tripé explicação-exercícios-avaliação tendo como referência o livro didático. Não se trata de condenar os livros didáticos, mas a forma como são usados e colocados como a única opção. Ao ser identificada como disciplina da "decoreba" emergem as limitações da prática do docente de Geografia.

Em contrapartida, quando pensada além dos modelos tradicionais, a Geografia como disciplina escolar, por meio dos diferentes recursos existentes, pode possibilitar uma educação transformadora a partir do conhecimento, reconhecimento e ampliação das possibilidades discentes de agir e interagir no mundo e com o mundo.

Diante das questões apresentadas, é mister retornarmos aos processos que envolvem a educação como um todo. Como já mencionado a forma de abordagem em que o discente é o centro do processo de ensino aprendizagem não é novo, no entanto, as novas tecnologias tendem a tornar essa realidade mais complexa e, ao mesmo tempo, com grandes potencialidades. O desafio está na compreensão das novas e velhas conexões possíveis e aceleradas e ampliadas pelo avanço das Tecnologias da Informação e Comunicação.

Como aponta Guattari (2001, p. 25) "Mais do que nunca a natureza não pode ser separada da cultura e precisamos aprender a pensar 'transversalmente' as interações entre ecossistemas, mecanosfera e universos de referência sociais e individuais." É um mundo conectado com escolas, alunos e professores em diferentes tipos e estágios de conexões.

Nesse amplo e complexo mundo de possibilidades, a docência nos exige a coragem de Alice no País das Maravilhas ao pular (não cair) no poço das possibilidades que podem nos levar ao desconexo mundo das conexões possíveis. Vale a mensagem da menina aventureira de Lewis Karroll "era bem melhor em casa. Ninguém fica crescendo e diminuindo, e recebendo ordens de ratos e de coelhos. Eu quase desejo não ter entrado na toca do coelho... mas, mas, é tão curioso, sabe, esse tipo de vida!"

Aproveito da livre interpretação para mencionar que como professores, na desafiadora educação brasileira tão desigual e problemática, somos "diminuídos" por baixos salários, estruturas precárias, falta de reconhecimento e desgastes de muitas aulas em salas de aulas complexificadas pelas diferentes realidades discentes.

Mas, não podemos deixar de reconhecer o papel dessa "cachaça" para a embriaguez de relevância social que é a educação. Assim, como a menina aventureira do mundo das maravilhas, estamos em um "curioso" e desafiador mundo necessário chamado educação.

Para isso, mais uma lição de Alice "não adianta voltar ao ontem, porque eu era uma pessoa diferente". Vale a reflexão acerca das nossas falas em salas de professores, "na minha época era diferente" [sic]. Não é mais a nossa época e nós não somos mais daquela época. Respeitar e compreender que as realidades dos nossos estudantes são diferentes é fundamental. Não trata de negarmos o passado, mas de reconhecermos que vivemos um presente de possibilidades e de usarmos a sabedoria da vivência que os anos nos deram sem o medo do novo. Assim, teremos um ensino da Geografia contextualizado com o cotidiano discente sendo potencialmente transformador ao contribuir para a formação de agentes conscientes do seu papel no espaço de interação, relação e vivência.

2.

OS CONCEITOS FUNDAMENTAIS NO ENSINO DA GEOGRAFIA

> Quase tudo que aprendi, amanhã eu já esqueci
> Decorei, copiei, memorizei, mas não entendi
> Decoreba: esse é o método de ensino
> Eles me tratam como ameba e assim eu não raciocino
> Não aprendo as causas e consequências só decoro os fatos
> (Gabriel o Pensador, Estudo Errado)

Ao criticar a educação chilena Maturana (2002, p. 33-32) faz um questionamento relevante para qualquer professor "como posso aceitar-me e respeitar-me se estou aprisionado no meu fazer (saber), porque não aprendi um fazer (pensar) que me permitisse aprender quaisquer outros afazeres ao mudar meu mundo, se muda meu viver cotidiano?".

Não se trata de negar os conceitos, mas de dignificá-lo dando sentido à aprendizagem. Entrando na Geografia, é importante a compreensão das bases conceituais que a fortalecem como ciência e a significa como disciplina escolar. Isso porque "a passagem dos conceitos 'cotidianos' aos conceitos científicos é um aprendizado que se efetiva com o desenvolvimento do raciocínio no âmbito exterior e interior da escola" (PONTUSCHKA; PAGANELLI; CACETE, 2009, p. 122).

A educação formal integra o conhecimento escolar aos conhecimentos já existentes nas histórias de vidas discentes. No caso da Geografia, como uma disciplina em que estuda as diferentes relações entre pessoas e as espacialidades, o conhecimento cotidiano é relevante. Cavalcanti (2005), fundamentada em Vygotsky, evidencia essa relação entre o conhecimento cotidiano e o científico, ao indicar que os professores devem partir da concepção que ao ensinarem geografia, congregam o conhecimento científico com a análise da realidade.

Assim, forma-se a perspectiva geográfica no ensino da Geografia diante de um conjunto de conceitos que dão significados a uma relação dialógica no processo de ensino e aprendizagem. Não se trata somente de conhecer os conceitos, mas de pensar conceitualmente para a compreensão do cotidiano. Assim, os processos educativos podem ser contextualizados a partir das diferentes realidades discentes. "Todo esse processo requer que a Geografia ensinada seja confrontada com a cultura geográfica do aluno, com a chamada geografia cotidiana, para que esse confronto/encontro possa resultar em processos de significação e ampliação da cultura do aluno" (CAVALCANTI, 2011, p. 72). Castellar e Vilhena (2019, p. 100) reforçam que,

> Ao se apropriar de um conceito, o aluno precisa dar-lhe significado, inserir a nova informação para alterar esquemas, criando uma estrutura de pensamento, que pode ser simples – por exemplo, relacionando os fenômenos estudados com os do cotidiano e, com isso, estimulando mudanças conceituais.

No nosso caso, ainda propomos como instrumentos para essas apropriações as tecnologias disponíveis. Os conceitos fundamentais em Geografia são a significação e ressignificação do conhecimento geográfico por parte do discente, o conhecimento adquirido é o fim, aqui as tecnologias serão meios. Assim, ao tratar das tecnologias como meios, alguns conceitos fundamentais em Geografia serão os condutores para a validação das propostas apresentadas: o espaço geográfico, o território, a paisagem, o lugar e a região. Destarte, vale uma breve apresentação de cada um antes das práxis.

2.1 Espaço Geográfico

Não é exagero apresentar o espaço como o conceito "mãe" da análise geográfica. O espaço precede a humanidade e, ao mesmo tempo, passa a existir quando notado e transformado (ou não) pela sociedade.

Para Moreira (2012, p. 72) o espaço resulta do metabolismo entre homem e meio. No metabolismo o espaço é determinante e determinado pela ação humana. Uma ação que tem como determinante o trabalho que materializa histórica e concretamente o espaço.

Complementando, é possível verificar uma interpretação autopoiética do trabalho como instrumento de alienação diante dos sistemas produtivos e de desalienação a partir do momento em que o sujeito compreende a materialidade do seu trabalho sendo capaz de transformar a sua realidade.

Diante dessa realidade é que os nossos estudantes quando ao observarem a relação das suas famílias com meio e como as formas de uso e ocupações individuais e coletivas nos espaços públicos e privados, por meio das interpretações das relações sociais e espaciais desenvolvem o senso crítico na formação da cidadania.

2.2 Território

"O espaço é sempre histórico. Sua historicidade deriva da conjunção entre as características da materialidade territorial e as características das ações" (SANTOS; SILVEIRA, p. 248). Historicamente o território representa dominação e propriedade. Assim, os territórios são materializados economicamente a partir das propriedades e politicamente nas delimitações das fronteiras, divisas e limites do espaço.

Assim, o território resulta da apropriação humana do espaço. Inicialmente apresenta limites claramente identificados nas diferentes dimensões espaciais. Por exemplo: carteira escolar, terrenos, construções, bairros, cidades, estados, países, reinos, colônias, províncias, planetas e galáxias.

Ao possibilitar o sentimento de pertencimento (que pode ser mais adequado no entendimento do lugar, mas também cabe ao território) ou posse, o território representa o espaço de dominação e exploração. A partir daí a subjetividade do mundo das ideias pode imperar nas ações e comportamentos humanos a exemplo do xenofobismo, nacionalismo e regionalismo. Um comportamento territorialista a partir da ideia de inclusão ou exclusão: o nós e o eles.

Ampliando a análise, território é a extensão do espaço apropriada e usada que pode ser ampliada a partir do sentido dado à territorialidade como sinônimo de "pertencer àquilo que nos pertence". Assim, a territorialidade humana também pressupõe a preocupação com o destino e o futuro, característica própria do pensamento humano. (SANTOS; SILVEIRA, 2012)

Assim, o ensino da Geografia aprofundando-se no estudo do território, para além da sua descrição, possibilita uma análise crítica do comportamento humano e social na sua relação com o espaço na forma de território.

2.3 Paisagem

O papel do geógrafo é analisar a paisagem multiplicando os pontos de vista, construindo uma visão sintética. Inicialmente, a observação direta é o olhar horizontal de passagem, cabendo a conexão com a visão vertical a partir dos recursos cartográficos. A leitura da paisagem na forma vertical permite generalizações, classificações e o entendimento dos padrões, sempre ampliando leituras e evitando simplificações. Como define Claval (2012) "frente à paisagem o geógrafo é ativo". Assim, "preocupa-se com a maneira como a aprendizagem é carregada de sentidos e investida de afetividades por aqueles que vivem nela ou que a descobrem" (CLAVAL, 2012, p. 265).

Vamos partir da conhecida afirmação de Maturana e Varela (1995, p. 69) "tudo o que é dito é dito por alguém. Toda a reflexão produz um mundo". O aprimoramento desse olhar permite a ampliação dos sentimentos, pois as paisagens possuem sons, cheiros, temperaturas, formas e estados físicos da matéria. Assim, a paisagem pode ser carregada de sentimentos, lembranças e sensações.

Não é atoa que o mercado da especulação imobiliária valoriza as "vistas" possíveis dos imóveis. Na paisagem também se encontram os recursos para uso e as possibilidades de ocupação. Assim, estudar a paisagem é analisar as formas como o homem ocupa ou não os espaços e se apropria dos meios disponíveis como recursos no decorrer da história.

Dessa forma, também são possíveis as projeções futuras das ações humanas no espaço. A forma como foi, é e será o espaço, podemos chamar de paisagem. Destarte a relação entre a interpretação do que é visto e sentido de forma vertical e horizontal é uma forma de ampliar o conhecimento pensando conceitualmente a paisagem.

2.4 Lugar

Lugar é o espaço com significados para as pessoas. Ou seja, é o próprio microcosmo que dá sentido à existência. Esse significado é humano. Por exemplo, Tuan (2015), analisa que o lugar assume caraterísticas de território para os animais quando demarcados a partir das necessidades biológicas e de defesa. Já para os seres humanos, os lugares satisfazem necessidades biológicas e sociais e definem comportamentos.

Assim, os lugares são fundamentais na formação escolar, pois ao analisarmos as suas características espaciais, podemos identificar as regras comportamentais definidas na relação entre a sociedade com o espaço-tempo e a relação entre pessoas. Relações que podem ser modificadas historicamente.

O lugar é o conceito em que no início da vida escolar, a criança descobre novas possibilidades de vivências e experiências e ampliam a interpretação espacial. Assim, o lugar permite uma interpretação local diante do conhecimento dos espaços de vivência cotidianos dos discentes e também de fazer relações comparáveis, de maneira divergente ou convergente, com os diferentes lugares existentes no globo. Assim, o lugar é o local de identificação afetiva e o global por comparações possíveis.

2.5 Região

Regiões são arranjos espaciais segundo critérios definidos por suas funções e/ou características. Na relação entre o conhecimento cotidiano e científico, o termo região faz parte da linguagem do homem comum. No entanto, é um conceito-chave para os geógrafos e tem sido empregado também por todos os cientistas sociais quando incorporam em suas pesquisas a dimensão espacial. (CORRÊA, 1995, p. 21)

Ao entender o porquê e as características que a definem, no processo de ensino e aprendizagem torna-se evidente a interpretação e a compreensão do recorte espacial a partir das regiões. Também é fundamental, o entendimento das regionalizações provenientes das ações humanas diante das forças motrizes que são econômicas, políticas e sociais.

Ao estudar as regiões naturalmente os estudantes já buscam diferenciações que se tornam curiosidades. Esse potencial pode ser impulsionador para entender de forma mais ampla e aprofundada, as dinâmicas de caracterizam os espaços regionalizados.

A rápida reflexão das possibilidades de organização e interpretação conceitual a partir do entendimento da relação entre sociedade e o meio, foi pertinente para entendimento das práticas a serem propostas nos próximos capítulos. Antes vale o entendimento de como o ensino de Geografia pode utilizar os espaços virtualizados para a ampliação do raciocínio e da linguagem geográfica.

3.

O ENSINO DA GEOGRAFIA E A INTERAÇÃO NOS ESPAÇOS VIRTUAIS

> Eu sou como aquele boneco
> Que apareceu no dia na fogueira
> E controla seu próprio satélite
> andando por cima da terra
> Conquistando o seu próprio espaço
> É onde você pode estar agora
> Ih!
> (Chico Science, Satélite Na Cabeça)

"Agora eu sou uma imagem virtual. Você pensa que está me vendo. Mas eu não estou aqui." Essa foi a forma como Chico Science fez a introdução da música Satélite na Cabeça no *The Brazilian Music Festival – NY* em 1996. O mundo já estava em mudanças aceleradas e o virtual passava a fazer cada vez mais parte da vida das pessoas.

Friedman (2005) relata que quando em dezembro de 1994 o Netscape tornou-se o primeiro navegador comercial que dominou o mercado ao ampliar o acesso, por avaliação gratuita em tempo determinado, permitindo com que pessoas físicas das áreas de educação ou de organizações sem fins lucrativos tivessem o acesso à rede de conexões o mundo tornou-se "achatado". Para Friedman o mundo tornou-se plano por conta da entrada na "era global" em que a *World Wide Web* (WWW) possibilitou conexões globais por meio dos espaços digitais em que as informações chegam de forma simultânea em todas as partes do planeta.

Nessa época Marc Prensky, já havia cunhado o termo nativos digitais. Por conta das tecnologias as pessoas também não seriam mais as mesmas e os nascidos com essa revolução tecnológica se relacionariam com o mundo e no mundo de formas diferentes. Segundo Prensky (2001) a melhor definição que encontrou foi a de nativos digitais, nossos alunos são todos falantes nativos de uma linguagem digital de internet, jogos e computadores. Os mais velhos tornaram--se, ele chamou, imigrantes digitais que necessitaram se adaptar ao novo mundo enquanto os nativos já nasceram neles.

Nessa nova realidade, pais e professores (imigrantes digitais ou não) viveram (e ainda vivem) e promovem reflexões e impactam ainda nos tempos atuais. Gionolla (2006) faz uma boa análise acerca dessas questões. Vale aqui apresentar parte da reflexão que ela desenvolve a partir de capas de revistas que tratam da questão.

Figura 2 – Capas de revistas e os nativos digitais

Fonte: Adaptado de Gianolla (2006)

A primeira capa apresenta um menino fora dos padrões do que seria um fenótipo mais próximo de um brasileiro [acesso desigual em um país desigual] como se fosse Albert Einstein, sendo assim, uma miniatura de adulto vestindo roupas de adultos detendo o conhecimento no mundo das tecnologias em que é apontada como uma "revolução que desconcerta pais e professores".

Na capa seguinte as tecnologias "invadem" a escola. A fotografia mostra uma escola nos padrões mais tradicionais em que o professor não aparece e não é possível ver os colegas da criança em foco que abandona os arquétipos dos estudantes do século passado ao estar com o caderno fechado e de costas para o aviãozinho de papel. No entanto, ao estar com o lápis na mão no lugar do *mouse* e a projeção do computador estar no quadro negro, a criança se mostra passiva e aguarda o que deve anotar sugerindo somente uma mudança do transmissor das informações e não do modo de ensinar.

Gianolla (2006) faz uma excelente análise destas e mais capas de revistas publicadas no Brasil. Nesse momento, interessa aqui trazer as questões desse "conflito" de gerações e também das dificuldades de trazer a informática e os desafios e potencialidades que envolvem o seu uso na educação.

A informatização cada vez maior no mundo também promoveu por conta dos avanços tecnológicos: a virtualização. Junto a ela temos um novo mundo de possibilidades de interação e relação por meio de modelos virtuais. Isto porque a virtualização permite a modelização de sistemas sejam simples ou mais complexos. Aqui é importante considerar algumas questões levantadas por Tisseau e Parenthöen (2007), o lugar e papel dos envolvidos; o lugar e papel das entidades virtuais existentes nos ambientes; e as interações possíveis. Observam-se nos possíveis casos, as interações entre os próprios modelos; entre modelos e avatares; e entre os próprios avatares.

Assim, chegamos aos espaços virtuais. Se olharmos para o espaço como uma forma e uma prática social, ele tem sido ao longo da história o suporte material da simultaneidade na prática social. Ou seja, o espaço define o quadro temporal das relações sociais (CASTELLS, 1999, p. xvi-xvii). Ao mesmo tempo, as novas tecnologias estão fomentando o desenvolvimento de espaços sociais de realidade virtual que combinam sociabilidade e experimentação com jogos de interpretação de personagens (CASTELLS, 1999).

Só que mais do que interação, é relevante tratarmos da interatividade reconhecendo-a como um fenômeno mais denso a partir do momento que permite a bidirecionalidade, coautoria, intervenção na recepção e na emissão em uma dinâmica inspirada e aberta, portanto indefinida (SILVA, 2011 *apud* DEMO, 2011). A possibilidade de "trocas" entre emissões e recepções expressa a bidirecionalidade em seis diferentes gradações de interatividade.

Figura 3 – Modelo de gradação de interatividade

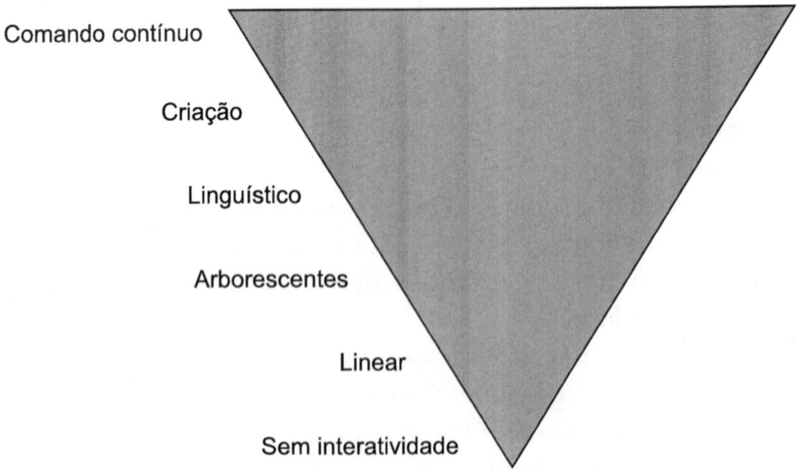

- Comando contínuo
- Criação
- Linguístico
- Arborescentes
- Linear
- Sem interatividade

Fonte: adaptado de Silva (2001 apud DEMO, 2011)

A pirâmide invertida mostra a interatividade de forma gradativa sendo exemplo de grau zero de interatividade os recursos de informações como os discos de música físicos ouvidos do início ao fim sem a possibilidade de alterar sequência ou excluir músicas. Já o grau linear é quando esse recurso permite, por exemplo, retornos, avanços e exclusões sem se preocupar com um roteiro possibilitando ao ouvinte mudar uma sequência preestabelecida. Já a arborescente apresenta os recursos na forma de menus, sendo possível ao usuário criar sequências de interesse. A interatividade na forma linguística está associada ao uso de palavras-chave, ou seja, não há orientação do recurso e o usuário passa a definir e orientar as escolhas. A interatividade de criação permite ao usuário contribuir com a mensagem, são exemplos as mídias sociais em que são possíveis as interações e trocas de mensagens em diferentes níveis. Por último, temos a interatividade de comando contínuo com a possibilidade de interagir, dialogar e transformar objetos e realidades virtuais. São exemplos, os jogos virtuais como o Minecraft.

É importante salientar que não faz aqui a ode a uma sociedade interativa. O que se propõe é usar dos recursos que promovem interatividade a partir das suas potencialidades nos processos de ensino e aprendizagem. Castells ao analisar a cultura da virtualidade real, identifica a conexão entre a realidade e a sua representação simbólica no virtual. Para tanto, ele parte do princípio que o virtual, mesmo que não estrito, e o real é o que existe no fato. Assim, pode-se chegar à "cultura da virtualidade real, onde o faz de conta vai se tornando realidade" (CASTELLS, 1999, p. 462).

Levy (1999) defende que a comunicação por meio virtual alcança altos níveis de interatividade ao possibilitar o diálogo entre vários participantes. Para tanto, ele resgata o termo ciberespaço de Neuromante, romance de Willian Gibson, definindo-o como um espaço de comunicação aberto na interconexão entre homens, máquinas e informações na rede de computadores por vários modos de comunicação.

Para Levy, o ciberespaço conecta a cibercultura no oceano de um planeta informacional (internet) alimentado por uma rede hidrográfica que interconecta e cria comunidades virtuais e inteligência coletiva. Evoca-se assim, uma nova relação com o saber e com as mudanças qualitativas e significativas nos processos de aprendizagem que requerem uma reavaliação das práticas pedagógicas.

> Como manter as práticas pedagógicas atualizadas com esses novos processos de transação de conhecimento? Não se trata aqui de usar as tecnologias a qualquer custo, mas sim de acompanhar consciente e deliberadamente uma mudança de civilização que questiona profundamente as formas institucionais, as mentalidades e a cultura dos sistemas educacionais tradicionais e, sobretudo, os papeis de professor e de alunos. (LEVY, 1999, p. 172)

Destarte, ao optar por um método ativo de aprendizagem, é importante planejar conhecendo os diferentes fatores que influenciam na escolha. De fato, faz-se necessário escolher métodos alinhados aos conhecimentos com premissas de interação em que as tecnologias são meios de aprendizagem.

Conteúdo e método, embora distintos, não existem um sem o outro em educação. Decidir por um método passivo ou por outro interativo e participativo decerto incide de modo diferente no desenvolvimento do pensamento e do raciocínio do aluno e em sua formação social, levando-o a direções também diferentes. (PONTUSCHKA; PAGANELLI; CACETE, 2009, p. 38)

Ampliando a lupa da macroestrutura do processo de ensino e aprendizagem (figura1), vamos tentar ampliar o repertório didático a partir de uma escolha racional e criteriosa. Bordenave e Pereira (2011) apresentam critérios que devem ser levados em consideração.

Figura 4 — Fatores que afetam a escolha de atividades de ensino e aprendizagem

Fonte: Bordenave e Pereira (2011)

Os fatores da escolha favorecem a diminuição das margens de erros possíveis. No entanto, não devemos esquecer que somos pessoas lidando com pessoas em sala de aula. Assim, diferente das atividades científicas laboratoriais, não há controle das variáveis passíveis de erros. Fato que valida mais ainda a necessidade de compreendermos os fatores que envolvem cada escolha.

Para sabermos o que e como escolher temos os métodos. No entanto, mais a fundo temos o professor com os seus anseios, angústias, limitações e uma vida para ser vivida além dos muros da escola. Destarte, a pergunta possível é por que fazer? Para que não fazer sempre do mesmo? Para que inovar? Talvez a resposta esteja no "educar" ou como escreveria Rubem Alves na alegria do ensinar. "O mestre nasce da exuberância da felicidade" (ALVES, 1994, p. 10)

> Muito se tem falado sobre o sofrimento dos professores. Eu, que ando sempre na direção oposta, e acredito que a verdade se encontra no avesso das coisas, quero falar sobre o contrário: a alegria de ser professor, pois o sofrimento de se ser um professor é semelhante ao sofrimento das dores de parto: a mãe o aceita e logo dele se esquece, pela alegria de dar à luz um filho. (ALVES, 1994, p. 6)

Novamente vou me remeter à metáfora de Alice na coragem para explorar um mundo de novidades. Talvez a novidade seja a palavra mais adequada, pois nem tudo são maravilhas no País das Maravilhas. Coragem se faz necessário para aceitar o novo e as suas potencialidades. Conhecimento e estudo são fundamentais para decidir.

No ensino da Geografia, esta coragem se faz necessária também pelo fato de no mundo virtual possibilitar também novas relações e interações em um novo espaço mudando e dinamizando formas de interações. Neste caso, o mundo dos espaços virtuais, que aqui trataremos como recursos ou metodologias, na Geografia também são objetos de estudos.

Exemplo dessa análise necessária é a uma das contribuições de Milton Santos nas suas obras ao propor a reflexão do meio técnico-científico-informacional. Ou seja, as transformações tecnológicas e a ampliação das formas de interação, interatividade e comunicação que também transformam os meios de produção e a sociedade interferindo nos processos produtivos e, consequentemente, transformando o espaço geográfico.

Diante, da realidade apresentada ao escolher um recurso, o professor de Geografia também está propondo ações que podem fazer parte das formas de interação espacial e relações possíveis entre os discentes como seres sociais. Assim, o cuidado na escolha do recurso deve ser de forma crítica pelo professor ao mesmo tempo em que não é interessante que seja descartada.

Vale exemplificar, o uso o aplicativo WhatsApp, nomeado a partir de um trocadilho com a frase "*What's Up*" em inglês, que atualmente permite o compartilhamento de diferentes tipos de mídias e a comunicação entre usuários. Reconhecer as potencialidades de uso do aplicativo, como recurso, por exemplo, em grupos de estudos em sala de aula não exclui a necessidade de análise crítica do seu uso no contexto social.

Na atualidade as trocas de informações são relevantes para a tomada de decisão de quem votar para presidente da república, por exemplo. Fato que ainda carece de estudos mais amplos e aprofundados para termos a real noção dos impactos na vida econômica, política e social do nosso país. Muitas vezes esses aplicativos são usados para propagar informações falsas ou verdadeiras de fatos e períodos diferentes para propagar conteúdos enganosos.

As *fake news* se fazem cada vez mais presentes e geram a confusão entre verdades e mentiras e fato ou opinião. Elas muitas vezes são utilizadas para gerar desinformação atendendo a grupos de diferentes interesses. Saber analisar a veracidade das informações de forma crítica é uma habilidade necessária para a formação crítica dos docentes. Também é importante considerar que as mídias sociais fazem parte do cotidiano de milhões de pessoas e a viralização de conteúdos por meio da propagação de *hashtags* é um amplo campo que ainda pode ser estudado pela Geografia.

Vale citar, o projeto de extensão desenvolvido na Universidade Federal de Santa Maria intitulado "Cartografia Viral" que objetiva analisar e divulgar conteúdos da Geografia em redes sociais (Instagram e Facebook) e também compreender como e quais assuntos possuem maior potencial para o engajamento social. Ao divulgar as informações de Geografia de interesse analisando o seu potencial de alcance dos conteúdos gerados. A figura mostra uma das postagens tendo como foco a forma como os indígenas Guaranis observavam as constelações de estrelas tendo como fonte de informação o Museu Histórico de Londrina PR.

Figura 5 – Projeto Cartografia Viral no Instagram

Fonte: https://www.instagram.com/p/Ci3Wy0WvVnl/

De fato, as Tecnologias da Informação e Comunicação (TICs) são recursos, fontes de informação e, ao mesmo tempo, também instrumentos de relações sociais. É diante dessas questões, que os exemplos utilizados neste livro não esgotam as potencialidades de uso e análises, ao mesmo tempo em que nos delimitamos em apresentá-los como recursos possíveis diante de um contexto social cada vez mais interativo. O primeiro a ser apresentado, será o Padlet, uma ferramenta digital com potencial para reproduzir as atividades das salas de aulas físicas para o virtual.

A interação é fundamental também na sala de aula. Para ampliar essa relação, as ferramentas digitais podem servir como um mural *online* com o potencial de gerar interatividades entre docente e discentes e de servir repositórios de informações em diferentes mídias.

O Padlet foi desenvolvido por uma *startup* norte-americana da área educacional e pode ser considerado um sistema que apresenta quadros e murais virtuais propiciando atividades colaborativas. Com essa ferramenta é possível criar itinerários formativos, partilhamentos e compartilhamentos de informações e atividades. Ela suporta o armazenamento de imagens, textos, vídeos, músicas, mídias sociais e outros aplicativos.

Por meio de ferramentas com essas características é possível a realização de tarefas fora de sala de aula, além de propiciar a interação virtual e o registro das atividades permitindo o acompanhamento e a organização das ações. A figura 6 mostra a página inicial do Padlet com algumas possibilidades de organização das informações na forma de mural, colunas de temas, mapas, listas, linhas do tempo e mapas.

Figura 6 – Página inicial do Padlet

Fonte: https://padlet.com

Como características, é importante destacar que o *software* é intuitivo e com diferentes possibilidades de *design* (usabilidade), comporta diferentes arquivos e pode ser integrado com outros programas (compatibilidade), é compatível com diferentes dispositivos móveis (mobilidade), pode ser público ou privado (segurança) e disponibiliza versão gratuita. Para a geografia, é possível organizar informações que sejam de fontes seguras e que contribuam para o processo de aprendizagem de forma colaborativa e dinâmica sendo o discente também um produtor e organizador de conteúdos. A imagem a seguir mostra uma página do Padlet que organiza informações da população mundial.

Figura 7 – Exemplo de uso para o estudo da população mundial

Fonte: https://padlet.com

As ferramentas digitais não esgotam as possibilidades de integrar informações e, ao mesmo tempo, ser um recurso didático mais alinhado com a realidade dos discentes deste milênio. É reconhecendo essas potencialidades que os capítulos seguintes apresentam associações entre conceitos considerados fundamentais em Geografia e alguns exemplos de tecnologias e tendências do mundo contemporâneo.

4.

O METAVERSO E O ENSINO DO TERRITÓRIO

atrocaducapacaustiduplielastifeliferofugahistoriloqualubri
mendimultipliorganiperiodiplastipubliraparecipro
rustisagasimplitenaveloveravivaunivora
cidade
city
cité
(Augusto de Campos, Cidade City Cité)

A poesia concreta de Augusto de Campos mostra que os prefixos atro, cadu, capa, assim sucessivamente, juntos aos sufixos cidade, *city* e *cité* formam as mesmas palavras, por exemplo: atrocidade, *atrocity* e *atrocité*. No entanto, mesmo sendo as mesmas palavras, é possível identificar que territórios diferentes podem indicar sensações e significados diferentes para elas. Isso porque os territórios são carregados de apropriações e pretensões diante dos usos e ocupações.

No estudo da Geografia as representações bidimensionais como os mapas permitem o estudo dos territórios. No entanto, como alerta Andreewsky (2007) o mapa não é território assim como a palavra <<cão>> não ladra. Mas assim, como os mapas, a palavra nos guia para a construção do ponto de vista sobre a realidade.

Dessa forma, a possibilidade de modelizar os sistemas existentes que se relacionam com o/no território permite o entendimento das diferentes relações possíveis e/ou existentes. As ações dos diferentes atores constroem sistemas possíveis configurando um território e os seus fenômenos que permitem interações e identificações.

Figura 8 – Interações para construção dos territórios

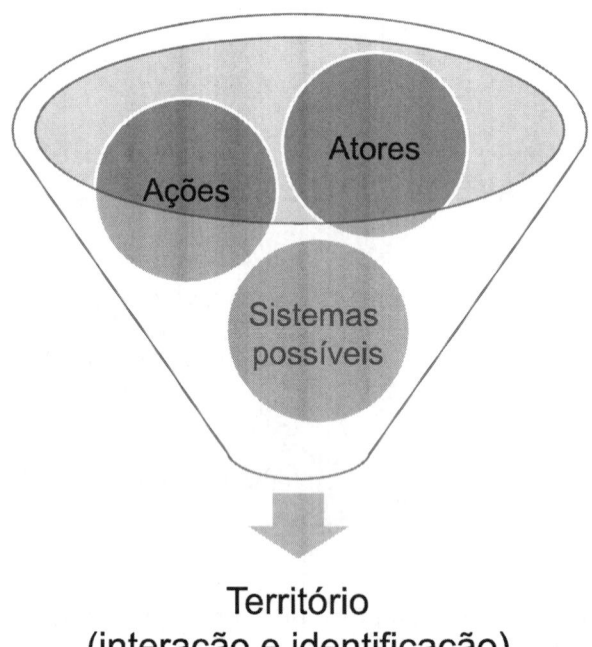

Território
(interação e identificação)

Fonte: Elaborada pelo autor

A figura 8 nos apresenta, de maneira simplificada, as integrações entre os atores e as suas ações em sistemas possíveis, na construção de territórios que carregam os significados e ressignificados dessas relações e interações possíveis. Vamos tratar como sistemas um conjunto de elementos que interdependentes geram uma organização. Assim, encontramos por meio desses elementos as características do território, por exemplo, as manifestações culturais, que formam um "sistema cultural" de um povo geram a identificação com o território.

Essas identificações se ampliam quando o mundo virtual passa a fazer parte do cotidiano das pessoas. Dessa forma, a modelização do território em sistemas virtuais pode ser explorada nos métodos de ensino da Geografia. Também é relevante destacar que os nativos digitais já estão de certa forma habituados com territórios virtuais ao utilizarem jogos como Roblox, Minecraft, The Sims, entre vários outros.

Como exemplos de territórios virtuais, vamos tratar aqui do metaverso. Este termo foi mencionado pela primeira vez no romance Snow Crash, de Neal Stephenson, lançado em 1992. No livro de ficção científica, a personagem Hiro, um entregador de pizza do mundo real, é um samurai no metaverso e vive entre os dois mundos com diferentes possibilidades. O romance também apresenta pela primeira vez o termo "avatar" para a representação dos seres humanos que ocupam o espaço virtual.

No contexto atual, para além dos jogos virtuais, o metaverso pode ser compreendido como um espaço digital de código aberto (gratuito, de construção coletiva que pode ser modificado por qualquer pessoa) ou fechado (pago e de propriedade de alguma pessoa ou empresa responsável pelas atualizações e modificações) que permite a integração e ampliação de diferentes *softwares*.

Além disso, cada vez mais se propõe novas experiências com integração de óculos e luvas que ampliem os sentidos dos avatares. Assim, são ampliadas as sensações de telepresença nos mundos digitais em que as multimídias permitem diferentes formas de uso e a ocupação desses espaços em 3 dimensões (3D) propiciando diferentes tipos de interação.

O uso do metaverso como espaço virtual de aprendizagem ainda é novidade no Brasil. O Centro Universitário SENAI CIMATEC da Bahia foi a primeira Instituição de Ensino Superior a realizar aula no metaverso no dia 22 de março de 2022. Ao mesmo tempo, os baixos investimentos e a falta de estrutura nas escolas brasileiras tornam a popularização do metaverso uma realidade ainda distante. No entanto, vale dimensionar as possibilidades projetadas para o ensino. A figura 9 mostra a primeira aula de metaverso realizada pela professora Ingrid Winkler e o professor Marcus Mendes no SENAI CIMATEC.

Figura 9 – Imagens da primeira aula no metaverso em instituição de Ensino Superior

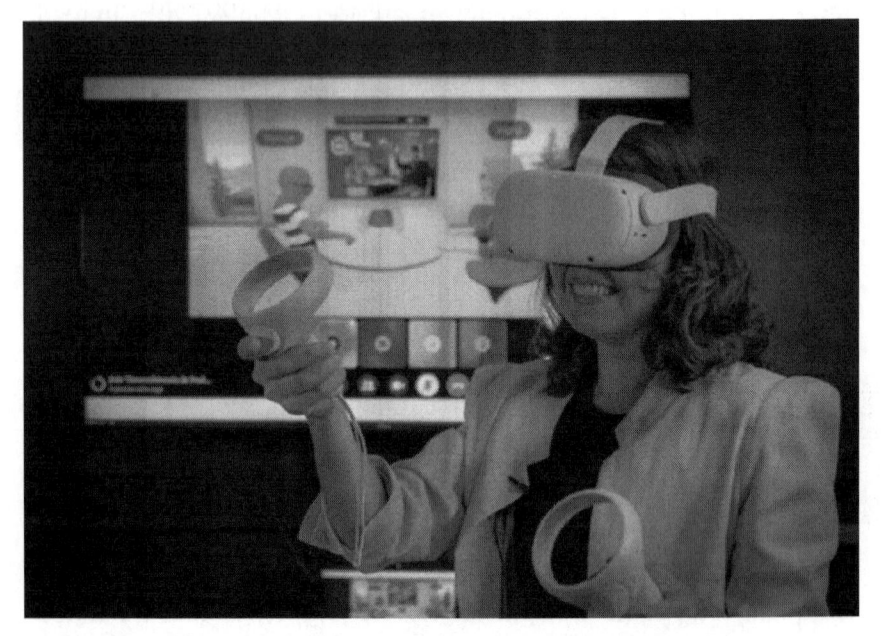

Fonte: Agência de Notícias da Indústria (2022)

A Universidade de São Paulo (USP) também está desenvolvendo um projeto para ser a primeira instituição de ensino superior pública brasileira e da América Latina a ter salas virtuais no metaverso com acesso livre a uma réplica da universidade promovendo a multidisciplinaridade. Trata-se de um projeto interdisciplinar com a combinação de ambientes virtuais em 3D com a construção de uma réplica da instituição em território virtual. Os terrenos adquiridos são da USM Metaverso, que significa United States of Mars, ou seja, Estados Unidos de Marte que simula a ocupação virtual do planeta Marte com moeda própria e construções que propiciem a interação como, por exemplo, a venda de ingressos para participação em shows. A figura a seguir mostra uma representação da USM.

Figura 10 – Representação do USM Metaverso

Fonte: https://canaltech.com.br

Nos dois casos citados, as experiências consistem em utilizar o metaverso como sala de aula virtual com acesso para professores e estudantes de forma síncrona. Outra possibilidade é a utilização de recursos virtualizados possibilitando novas experiências sensoriais na educação. Um exemplo brasileiro de utilização da realidade virtual com essa característica é a plataforma de ensino para estudantes de medicina desenvolvida pela empresa MedRoom que tem como um dos produtos o laboratório de anatomia virtual com precisão e hiper-realismo.

Figura 11 – Laboratório de Anatomia Virtual da MedRoom

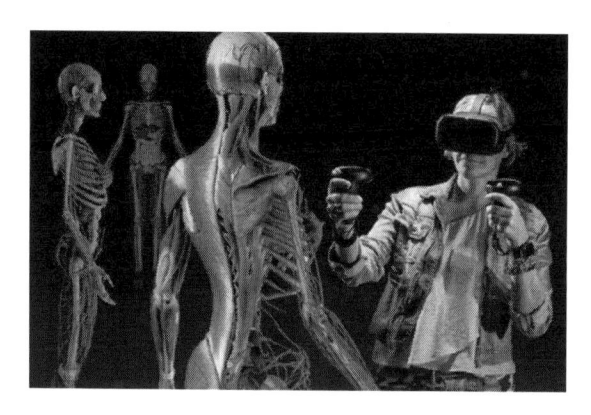

Fonte: Medicina S/A (2020) disponível em: https://medicinasa.com.br/medroom-realidade-virtual/

De fato, a interação tridimensional por avatares em espaços virtuais traz um campo de possibilidades futuras na educação. Também é fato, que os exemplos citados estão longe da realidade da educação básica nas escolas brasileiras.

Ao mesmo tempo acredita-se que com o acelerado avanço tecnológico e a popularização das tecnologias, o metaverso apresentará novos padrões de usabilidade e interação tornando o espaço virtual cada vez amigável e acessível.

Em um estudo de caso, Ramallal, Wasaldua e Mondaza (2022) analisaram a experiência de nativos digitais durante OFFF-2020, um evento cultural de *designer*, imagens, comunicação e tecnologia, organizado em Sevilha na Espanha que, por conta da pandemia COVID-19, foi realizado no ano de 2020 em uma plataforma virtual desenvolvida pela empresa desenvolvedora de tecnologias virtuais FuturaSpace (https://www.futura.space/). A figura 12 mostra os participantes dos eventos interagindo no espaço virtual.

Figura 12 – Avatares interagindo durante o OFFF-2020

Fonte: Ramallal, Wasaldua e Mondaza (2022)

Ao analisar a participação no evento, como resultado foi possível identificar as vantagens e desvantagens do mundo virtual para a aprendizagem a partir do estudo de caso.

Quadro 1 – Vantagens e desvantagens dos mundos virtuais na transferência do conhecimento

Vantagens	Desvantagens
Sem custos com deslocamentos e estadias	Perda de contato face a face
Telepresencialidade	menor interação interpessoal
Onipresença	distração
Estimula a alfabetização digital	Menor aprendizagem do que presencialmente
Assume características de ludicidade	Discurso emergente
Gamification	Dependência do *hardware*
Imagem positivo do potencial da TIC	Dificuldade para solucionar problemas
Ferramentas de difusão de RRSS	Percepção inferior ao presencial
Multimídia	Menor *networking*
Possibilidade em caso de crises	Menor viralidade em redes sociais
Permite evento massivo	
Percepção de valor adicionado	
Sustentabilidade	

Fonte: Ramallal, Wasaldua e Mondaza (2022)

O quadro nos mostra as possibilidades positivas como a redução de custos com viagens, estadias e ocupação de salas, mas também a perda da experiência do contato presencial também reduz a aprendizagem e formas de relações. Uma tendência, é que com a evolução tecnológica, essas experiências sejam cada vez mais reais. No entanto, é importante reforçar que não é o foco substituir o mundo real, mas ampliar experiências sem negar a importância e necessidade de contatos não virtuais.

Para os pesquisadores espanhóis, são elementos relevantes para o metaverso, a interatividade promovida por meio da tridimensionalidade e manipulações possíveis promovendo experiências com maior satisfação do usuário; a corporeidade por meio da identificação e personalização de avatares; e a persistência, pois os mundos virtuais continuarão existindo e evoluindo.

Figura 13 – elementos relevantes do metaverso

Interatividade   **Corporeidade**   **Persistência**

Fonte: Ramallal, Wasaldua e Mondaza (2022)

Até aqui, todos os casos citados usam o mundo virtual como espaço de interação em ambientes virtuais de aprendizagem. Para aprofundarmos nos estudos do território e ensino de geografia, vamos focar nas modelizações virtuais de territórios permitindo a estudo dos conhecimentos geográficos. Para tanto, vamos focar em dois mundos virtuais: Second Life e Liberland Metaverse.

Vamos começar pela Second Life, que foi uma proposta próxima ao metaverso, ou talvez a primeira versão para a atual projeção, criada em 1999 e lançada em 2003. Trata-se de um território virtual de propriedade de uma empresa estadunidense de capital privado Linden Lab, ou seja, de código proprietário. Vale mencionar que a evolução do metaverso também pode resultar em plataformas virtuais de código aberto ampliando as possibilidades de integração e uso pelas comunidades e desenvolvedores pelo mundo sem custos.

Quando lançado, o Second Life impactou o mundo da internet diante das diferentes possibilidades. Como o próprio nome indica, a intenção era de ser mais do que um game, e sim uma quase "segunda vida" para os seus usuários simulando a comunicação e experiências da vida real. Por exemplo, os sons ficam mais altos ao chegarem perto das fontes de água, a existência de avatares com uma variedade de gestos humanos podendo transitar por diferentes espaços virtualizados permitidos, tendo também os espaços restritos possibilitando relações comerciais.

Diante dessa realidade, este mundo virtual apresentou uma série de possibilidades. Há locais para tratar de questões de saúde como a Ilha de Healthinfo que, com financiamento externo, é administrada por médicos especialistas e bibliotecários especializados com o objetivo de ser referência em informações na área de saúde.

Outro exemplo é o simulador de Saúde Sexual da Universidade de Plymouth (Reino Unido) que informa sobre doenças sexualmente transmissíveis, com diferentes recursos interativos como, por exemplo, um tour 3D dos testículos. Há também o Centro de Saúde da Mulher com fichas explicativas da importância do autoexame de mamas. Citamos aqui três exemplos entre os vários encontrados e catalogados por pesquisadores de Toronto e publicada no artigo *A Survey of Health-Related Activities on Second Life* (BEARD et al., 2009).

Nesse mundo de possibilidades, atividades ilícitas são um risco e carecem de controle. A interação associada ao anonimato também permite transações que são irregulares no mundo não virtual. Por exemplo, ao ser consultado sobre a possibilidade prestar serviços de advocacia na Second Life, o Tribunal de Ética e Disciplina da OAB de São Paulo se manifestou não orientando este tipo de serviço pela falta de um ambiente seguro que garanta o sigilo entre advogado e clientes e a dificuldade de uma identificação que seja confiável. Vejamos a parte do ementário E-3.472/2007 da OAB de São Paulo, em análise realizada no ano de 2007.

> Como referido ambiente permite o rastreamento, pela empresa que o criou e o administra, de tudo o que ali se passa, não há como garantir-se o sigilo profissional do advogado, o que inviabiliza a abertura e manutenção de um escritório virtual no Second Life. Referido escritório de advocacia, por sua própria natureza, não se revestiria da basilar inviolabilidade e do indispensável sigilo dos seus arquivos e registros, contrariando o direito-dever previsto no art. 7º, II, do EAOAB. Quebra também do princípio da pessoalidade que deve presidir a relação cliente-advogado. A

publicidade, via abertura e manutenção, no Second Life, de escritório de advocacia, não se coaduna com os princípios insculpidos no CED e no Prov. 94/2000 do Conselho Federal. (OAB/SP, 2007)

De fato, desde 2003 a Second Life apresentava-se como a grande possibilidade para o que se tornaria um novo mundo paralelo, o que não se realizou por conta de questões como a falta de um controle legal. Os aspectos legais que envolve o uso dos ambientes virtuais está em constante discussão tornando a possibilidade de regulamentação e culpabilização por atos considerados ilegais, uma realidade que tende a tornar esses ambientes mais seguros.

O Second Life, por conta das suas atualizações, ainda persiste como uma possibilidade de interação virtual. Na atualidade ele se caracteriza como um espaço virtual tridimensional que vem ampliando recursos gráficos e melhorias de usabilidade. É possível acessar o Second Life por meio de cadastro no seu *site* (https://secondlife.com) e se apresenta "como um espaço virtual popular para encontrar amigos, fazer negócios e compartilhar conhecimento".

Figura 14 – Avatar na Second Life

Fonte: https://secondlife.com

Ainda vale entender mais como essas relações e interações acontecem no ambiente virtual. Ao estudar os residentes do Second Life o antropólogo Tom Boellstorff, da Universidade da Califórnia, em uma de suas pesquisas desenvolveu um retrato etnográfico da cultura existente nesta plataforma ao interagir como usuário entre 3 de junho de 2004 e 30 de janeiro de 2007. Dentre as percepções, vale apresentar um dos relatos da sua observação participante.

> Um homem passa seus dias como um pequeno esquilo, elfo ou mulher voluptuosa. Outro vive como uma criança e duas outras pessoas concordam em ser seus pais virtuais. Duas irmãs da vida "real" que vivem a centenas de quilômetros de distância se encontram todos os dias para jogar juntos ou comprar sapatos novos para seus avatares. A pessoa que faz os sapatos largou seu emprego "real" porque está ganhando mais de cinco mil dólares por mês com a venda de roupas virtuais. Um grupo de cristãos ora juntos em uma igreja; próximo, outro grupo de pessoas se envolve em uma orgia virtual, completa com genitália ejaculando. Não muito longe, uma banca de jornais oferece exemplares de um jornal virtual com dez repórteres na equipe; inclui anúncios de uma empresa de automóveis do mundo "real", uma universidade virtual que oferece aulas, um torneio de pesca e um museu de voos espaciais com réplicas de foguetes e satélites. (BOELLSTORFF, 2015, p. 8)

O antropólogo traz a sua contribuição metodológica de análise ao identificar que a sociabilidade do mundo real não pode explicar a sociabilidade do mundo virtual. A sociabilidade dos mundos virtuais se desenvolve em seus próprios termos, claro tendo como referência ao mundo real, mas não se limitando a ele. O caso do Second Life pode ter como referência ou replicar ideias ou questões do mundo real, mas essa referência e indexação ocorrem dentro do mundo virtual.

Considerando a relação com os territórios físicos e virtuais, por exemplo, a forma como as pessoas de um país participam do Second Life pode ser diferente da forma como as pessoas de outros países o fazem. Mas se pessoas de diferentes países realmente participarem do Second Life de forma diferente, essa diferença aparecerá dentro do próprio Second Life compondo novas formas de relações. Ou seja, surgem novas possibilidades diante de novas formas de relações culturais que podem ser transnacionais, nacionais ou locais e nas dimensões próprias dos espaços virtuais, reais e da combinação de ambos.

Outro exemplo mais recente de um território em projeção no metaverso é a Liberland Metaverse que permite o encontro entre usuários ou habitantes seguindo padrões da realidade das cidades reais por meio do crescimento arquitetônico e urbano com o intuito de recriar um espaço digital "gêmeo" a partir de hiper-realidade virtual (JIMÉNEZ, 2022).

A Liberland Metaverse, projetada pela empresa britânica de arquitetura e design Zaha Hadid Architects (ZHA), tem como inspiração a República Livre de Liberland. Trata-se de uma "micronação" idealizada pelo político tcheco Vit Jedlicka, em 2015, em uma pequena ilha ribeirinha no meio do Rio Danúbio entre a Croácia e a Sérvia escolhida devido ao seu 'vazio', tanto humano como político, não sendo território reivindicado por nenhum dos dois países. Esse ainda é um espaço sem habitantes, mas que já possui pessoas interessadas em morar no território que já possui bandeira, hino e uma criptomoeda.

Figura 15 – Território reivindicado para ser Liberland

Fonte: Elaborada pelo autor

Mesmo com a existência de um território real, no mundo virtual a situação é diferente, por ser localizada no ciberespaço, a localização física torna-se secundária e assume ideologicamente, interpretações de um território em que o Estado não é mais onipotente, e onde o código é lei.

Assim, a Liberland virtual tem o foco na autogovernança com menos regras e regulamentos. E por ser idealizada em um território fisicamente existente, apresenta características hibridas em que uma ilha pantanosa transforma-se em um espaço virtual modernizado com um emaranhado de máquinas, estruturas e pessoas. Essa geografia híbrida questiona o poder das infraestruturas e tecnologias e a possível articulação entre redes técnicas e redes políticas, militantes, libertárias, entre outras possibilidades. (CATTARUZZA, 2022) Um vasto campo para discutir territórios no ensino da Geografia.

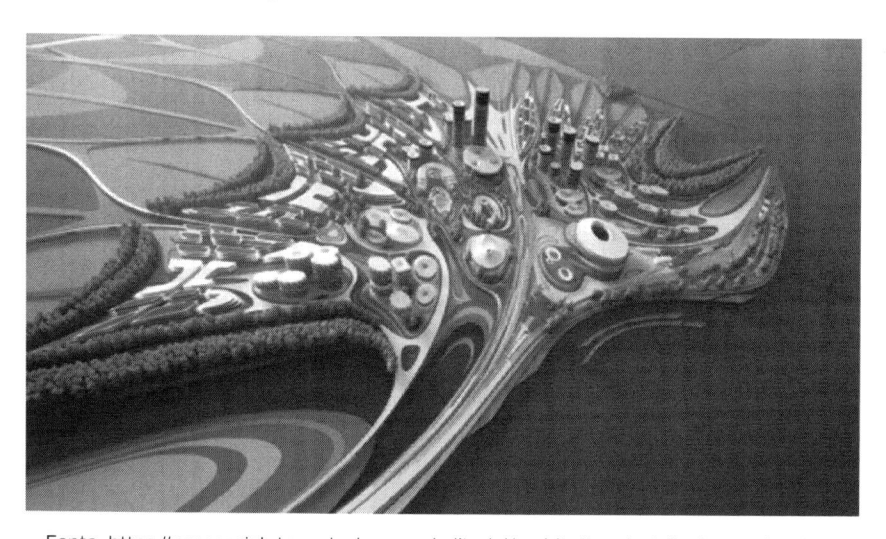

Figura 16 – Liberland Metaverse

Fonte: https://www.cieloterradesign.com/editorial/architettura/patrik-shumacher-luo-2cd968

Com avatares com a capacidade de percorrer pelos espaços públicos e privados, Liberland apresentará uma prefeitura, espaços para trabalhos colaborativos, lojas, incubadoras de negócios e galeria para exposições de arte. A comunidade que espera promover terá foco na autogovernança, com menos regras e regulamentos estatais predominando as regras de mercado seguindo o lema *"to live and let live"* e "viver e deixar viver".

Diante dos exemplos citados podemos observar diferentes possibilidades estratégicas no ensino da Geografia e do entendimento dos territórios. Temas como arranjos espaciais, formas de uso e ocupação do espaço, as regras e culturas territoriais emergem como um vasto campo para os diferentes objetos do conhecimento trabalhados em Geografia.

O quadro 2 mostra exemplos de possibilidades de usos do metaverso como recurso para o ensino de Geografia excluindo a opção de ser espaço virtual de sala de aula. O exercício foi de mostrar as potencialidades e limitações do metaverso e associar com conteúdos possíveis de serem trabalhados na Geografia. Para tanto, a referência de levantamento de conteúdos foi a Base Nacional Comum Curricular (BNCC), no entanto, vale mencionar que o objetivo é exemplificar e mostrar potencialidades e alinhamentos, nesta parte, os conteúdos possíveis. Assim, o quadro não limita as outras interpretações e, sim, visa exemplificar trazendo questões mais práticas do uso do metaverso.

Quadro 2 – Associações do Metaverso no Ensino da Geografia

Potencialidades	Limitações	Alguns exemplos de conteúdos que podem ser trabalhados em Geografia no Ensino Fundamental e Médio com referência na BNCC
- Pode ser local de estudo nos ambientes virtuais e objeto de estudo a partir da análise nas relações entre pessoas (avatares) no território. - A modelização permite uma relação e interpretação a partir das comparações com o mundo real. - Possibilidade de ensino híbrido. - Apresenta-se como novidade no processo de ensino e aprendizagem.	- Necessidade de tecnologias e recursos ainda não acessíveis para todos. - Deve ser visto como um dos meios e não como única solução. - O modelo virtual pode apresentar características e questões da realidade, mas não é o real. - Ainda apresenta-se como uma projeção e não uma realidade consolidada. - Faltam regras para monitorar as ações que seriam ilegais no mundo real. - Por ser diferente do ensino tradicional pode ser compreendido como uma atividade que não promove conhecimentos.	Situações de convívio em diferentes lugares; Condições de vida nos lugares de vivência; Experiências da comunidade no tempo e no espaço; Localização, orientação e representação espacial; Território e diversidade cultural; Territórios étnico-culturais; Produção, circulação e consumo; Gestão pública da qualidade de vida; Fenômenos naturais e sociais representados de diferentes maneiras; Produção, circulação e consumo de mercadorias; Os diferentes contextos e os meios técnico e tecnológico na produção; As manifestações culturais na formação populacional; Transformações do espaço na sociedade urbano-industrial; Relações entre sujeitos, grupos e classes sociais diante das transformações técnicas, tecnológicas e informacionais e das novas formas de trabalho ao longo do tempo, em diferentes espaços e contextos. Múltiplos aspectos do trabalho em diferentes circunstâncias e contextos históricos e/ou geográficos e seus efeitos sobre as gerações, em especial, os jovens e as gerações futuras, levando em consideração, na atualidade, as transformações técnicas, tecnológicas e informacionais. Significados de território, fronteiras e vazio (espacial, temporal e cultural) em diferentes sociedades, contextualizando e relativizando visões dualistas como civilização/barbárie, nomadismo/sedentarismo e cidade/campo, entre outras. Etc.

Fonte: Elaborado pelo autor

5.
OS JOGOS VIRTUAIS E O ENSINO DO LUGAR

> Há um Homem das Estrelas esperando no céu
> Ele nos disse para não estragarmos tudo
> Porque ele sabe que tudo vale a pena, ele me disse
> Deixe as crianças se soltarem
> Deixe as crianças aproveitarem
> Deixe todas as crianças dançarem
> (Starman, David Bowe)

A afirmação do Starman (Homem das Estrelas) de David Bowie, por meio da sua personagem Ziggy Stardust, anuncia que vale a pena considerarem as potencialidades das crianças quando possibilitadas de fazerem o que gostam de fazer. No caso dos nativos digitais, os jogos virtuais já fazem parte da sua realidade cotidiana, destarte, considerá-la pode potencializar o processo de ensino e aprendizagem. Como afirma Prensky (2001) possibilitar o aprendizado por meio dos jogos digitais é uma boa maneira de alcançar os nativos digitais na sua "língua materna", a linguagem dos jogos.

De fato, a popularização dos jogos digitais, conhecidos popularmente como *games,* faz com sejam amplamente usados como meio de entretenimento principalmente pelos nativos digitais tornando-se um fenômeno da cultura de massa. Ao identificar as afinidades que as pessoas têm com os jogos, as corporações e instituições passaram a aplicá-los como recursos para ampliar colaboração, promover aprendizagem e melhorar resultados por meio de dinâmicas virtuais que possibilitem interações com resultados que tornem os trabalhos mais eficientes. Assim, ampliou-se o uso de oferta de jogos para além da diversão. Diante dessa realidade está a gamificação, termo cunhado pela primeira vez pelo pesquisador britânico Nick Pelling, um desenvolvedor de jogos.

Ao mesmo tempo, os jogos sempre foram usados como instrumentos para aprendizagens lúdicas. E na atualidade, a ampliação de ofertas e diversificação dos jogos digitais para diferentes fins, incluindo os educacionais, tornam os jogos virtuais recursos relevantes para o processo de ensino e aprendizagem.

Isto porque, para além dos jogos como entretenimento, surgiu a gamificação (do inglês *gamification*) contemplando o que podemos identificar não só o uso de jogos para a diversão, mas de forma mais ampliada para contemplar metas específicas de colaboração e aprendizagem.

Nesse contexto, cada vez mais, há os jogos virtuais direcionados para o ensino. Aqui vamos considerar a relevância desse recurso para a Geografia para o ensino dos lugares. Os jogos virtuais apresentam lugares virtuais por conta do significado que podem ter junto aos jogadores. Os jogos permitem a simulação de lugares reais ou de problemas reais desses lugares. É nesse contexto que o jogo apresenta grande potencial.

Antes de apresentar práticas possíveis, vale identificarmos o que é, como se faz e o que objetiva a gamificação. Inicialmente vale mencionar que o potencial dos games para a aprendizagem está no engajamento que os estudantes possuem com os jogos na rotina cotidiana.

O mesmo potencial, pode ser tornar um problema a partir da dificuldade dos estudantes entenderem os *games* como parte do processo de ensino e aprendizagem. Isto porque os jogos já trazem potenciais que já são conhecidos pelos nativos digitais discentes. Mas, essas potencialidades já percebidas para além do conhecimento escolar em diferentes contextos, no processo de ensino e aprendizagem, precisa permitir ao discente jogador o conhecimento e reconhecimento do aprendizado.

Destarte, para o professor, vale trazer alguns aspectos que envolvem o uso dos jogos virtuais no processo de ensino e aprendizagem: engajamento com os desafios; recompensas e a satisfação com o aprendizado, ações e promoções por colaboração, experiências além do conhecimento escolar para ações em diferentes contextos, propiciar ao discente jogador a satisfação com o aprendizado e, o aprendizado pode ser divertido e nunca só diversão. Esses aspectos, ora sistemática e/ou sistemicamente se confundem, complementam ou se integram. Vale tratar cada um deles:

a) Engajamento com os desafios: o engajamento do jogador depende dele se sentir motivado para superar os obstáculos apresentados nos jogos. Assim, a gamificação se torna pertinente quando esse engajamento está diretamente associado aos níveis de complexidade que tornam o jogo desafiador e, ao mesmo tempo, promotor do progresso da curva de aprendizagem dos sujeitos envolvidos. Assim, a experiência se dá pela interatividade. Para tanto, os níveis dos jogos devem ser adequados às necessidades e habilidades do usuário discente que se pretende trabalhar. Da mesma forma, o nível de engajamento está associado ao fator emocional que é a motivação do sujeito aprendiz no jogo.

b) recompensas e a satisfação com o aprendizado: as recompensas são utilizadas para propiciar engajamento e indicar o sucesso do aprendizado. No mundo real, as recompensas são usadas como fatores motivacionais em diferentes situações cotidianas como, por exemplo, os cartões de fidelidades que propiciam premiações e descontos para clientes no setor lojista. A recompensa inserida nos jogos desperta o interesse a partir do retorno do reconhecimento do esforço do jogador. No entanto, quando tratamos de educação faz-se necessário irmos além do reconhecimento, sendo a recompensa uma forma de dimensionar o aprendizado do objeto do conhecimento.

c) ações e promoções por colaboração: um jogo adequado para o processo de ensino e aprendizagem também deve prover o desenvolvimento psicossocial a partir dos relacionamentos possíveis. Reconhecer as ações colaborativas é o que se opõe à competitividade dos jogos ao propiciar ajudas e trocas diante da construção de conhecimento de forma integrada. A recompensa aqui é fator motivacional para a colaboração a partir de promoções que indicam a forma como o jogador se apropriou do objeto do conhecimento e soube colaborar com o conhecimento dos demais jogadores.

d) motivação na competitividade e não na competição: a competitividade é algo a se pensar na educação. Aqui trago a competitividade como a propriedade de competir. Ou seja, busco os benefícios dos desafios compartilhados em que o outro é fator motivacional para a evolução contínua. No universo dos jogos, a competitividade pode ser "sadia" quando a busca é o aprendizado que resulta em um indivíduo melhor. Assim, os jogos quando são pensados de forma colaborativa, a competição gera respeito às individualidades e não aos individualismos.

e) experiências além do conhecimento escolar para ações em diferentes contextos: como mencionamos, os jogos digitais são íntimos aos nativos digitais. Ou seja, a experiência do jogar ou do aprender por meio dos jogos já é cotidiana. Aqui trago a possibilidade de por meio dos jogos, além de aprender diante de uma sequência didática planejada, encorajar mudanças de comportamentos. Reforço a importância de entender o discente como agente do seu mundo em que pode ser transformador e transformado. Falo de saber reagir e agir. Assim, cabe aqui reconhecer que a escola tende a responder várias perguntas. Talvez a mais importante seja "e se?". Neste caso, vale aprofundar um pouco o que chamo curvas do aprendizado.

Figura 17 — Curvas de aprendizado e a relação com os conhecimentos, habilidade e atitudes

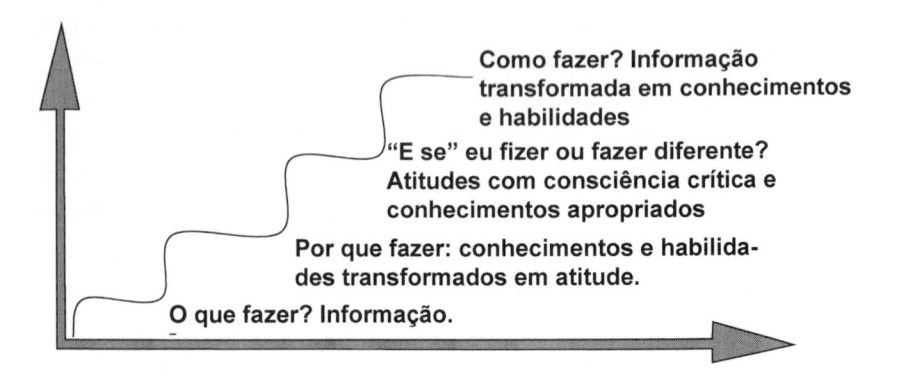

Como fazer? Informação transformada em conhecimentos e habilidades

"E se" eu fizer ou fazer diferente? Atitudes com consciência crítica e conhecimentos apropriados

Por que fazer: conhecimentos e habilidades transformados em atitude.

O que fazer? Informação.

Fonte: Elaborada pelo autor

Entendo o "e se" a partir do momento que toda informação é transformada em conhecimento e a atitude, a reflexão e análise crítica de como agir é praticada. Ou seja, as apropriações passam a fazer sentido e se tornam propriedades de ações conscientes com apropriações de conhecimentos.

f) propiciar ao discente jogador a satisfação com o aprendizado: aqui trago o reconhecimento da aprendizagem por meio dos jogos como uma experiência de aprendizado significativa e, ao mesmo tempo, de significância difícil de ser compreendida. Talvez o mais desafiador seja quando tratamos de jogos na educação. Por se apropriarem dos jogos como forma de diversão, aprender de forma divertida pode não ser visto como aprendizado. Neste caso são importantes que os jogos apresentem fatores estéticos que geram motivações e aprendizados alinhados a conteúdos; uma mecânica alinhada com os objetos dos conhecimentos objetivados; e dinâmicas que possibilitem *insights* e gerem motivação e aprendizado como finalidade.

g) o aprendizado pode ser divertido e nunca só diversão: devido ao fato dos jogos fazerem parte da rotina não escolar dos discentes, a associação com somente com a diversão e não como uma possibilidade de aprendizado, precisa ser desconstruído pelo docente. Assim, cabe ao professor ter a habilidade de evidenciar e mostrar por meio da comunicação e exemplificação, que pode ser sim uma experiência prazerosa, mas que ela se insere no contexto de um processo de ensino e aprendizagem seriamente planejado e alinhado com os objetivos objetos do conhecimento do currículo escolar a ser trabalhado.

As reflexões sugeridas objetivam contribuir com o momento de tomadas de decisões do planejamento docente. No caso do docente de Geografia, estamos tratando da questão do lugar como um espaço com significados podendo gerar crenças e valorizações das realidades locais ou a transformação espacial a partir da negação ou fortalecimento dessas crenças.

Para exemplificar como o uso dos jogos pode influenciar no conhecimento, interpretação, valorização do lugar, vamos analisar o desafio realizado pela Minecraft Education Challenge na Semana do Comitê Nacional de Observância do Dia dos Aborígenes e Ilhéus (NAIDOC) realizada na Austrália.

Com o objetivo de celebrar a história, cultura e conquistas dos povos aborígenes e ilhéus australianos, mais de 1.000 crianças nativas de 31 escolas, o projeto buscou a integração entre a cultura antiga dando significado ao lugar e possibilitando uma projeção futura a partir do modo como o lugar é vivido e percebido pelos anciãos e crianças locais. (MINECRAFT, 2021)

Figura 18 – Mão na massa de modelar para a criação das personagens 3D

Fonte: https://education.minecraft.net/pt-pt/blog/indigenous-students-mix-traditional-knowledge-and-modern-technology-to-envision-a-different-world

Figura 19 – Digitalização dos avatares modelados

Fonte: https://education.minecraft.net/pt-pt/blog/indigenous-students-mix-traditional-knowledge-and-modern-technology-to-envision-a-different-world

As imagens mostram as crianças, com a orientação dos professores e referências dos contos e lendas do lugar produzindo personagens em massa de modelar para a compreensão da tridimensionalidade e posterior digitalização criando os avatares que farão parte do lugar virtual.

O tema do projeto foi "Sempre Foi", desafiando as crianças a interpretarem o lugar a partir dos conhecimentos e tradições locais envolvendo os anciões locais, professores e especialistas em educação indígena e "Sempre Será" quando as elas com o uso do Microsoft Paint 3D e o Minecraft: Education Edition, criaram personagens de realidade mista e mundos Minecraft para pensar lugares na forma de cidades, vilas ou comunidades sustentáveis para o ano de 2030. Para tanto, as crianças se apropriaram dos conhecimentos dos povos originários da Austrália remanescentes no lugar do projeto. Ou seja, coube a elas apresentarem uma projeção futurista evidenciando e fortalecendo os conhecimentos, culturas, linguagens e formas de interpretar o lugar enfatizando a essência ancestral para dar identidade local ao lugar virtual projetado. (MINECRAFT, 2021)

Figura 20 – Professores e anciãos contribuindo com o projeto

Fonte: https://education.minecraft.net/pt-pt/blog/indigenous-students-mix-traditional-knowledge-and-modern-technology-to-envision-a-different-world

Ações como a apresentada fazem parte da *Minecraft Education Edition* que objetiva desenvolver jogos de blocos especificamente para salas de aulas em diferentes eixos. Para tanto, são desenvolvidas capacitações docentes e jogos alinhados com lições desenvolvidas por professores e especialistas de diferentes temas que fazem parte do currículo escolar.

Por exemplo, para o estudo da biodiversidade há um projeto em parceria com a World Wildlife Fund (WWF) e a Naturabytes, uma empresa especializada em biodiversidade e conservação sediada no Reino Unido para o desenvolvimento do "A Case for Biodiversity". O jogo consiste no teletransporte para o mundo Minecraft com representações de biomas sendo possível verificar as relações existentes nos diferentes ecossistemas projetados e passíveis de projeção.

Figura 21 – O mundo Minecraft "A Case for Biodiversity"

Fonte: https://news.microsoft.com/pt-br/novo-pacote-de-licoes-sobre-biodiversidade-chega-ao-minecraft-education-edition-em-parceria-com-o-world-wildlife-fund/

O jogo foi projetado para contribuir com o processo de ensino e aprendizagem possibilitando ao professor direcionar as ações de acordo com o seu planejamento. Neste sentido, o jogo apresenta extensões propositivas para o ensino da biodiversidade, por exemplo:

- escolher um animal do seu bioma e descreva o seu nicho ecológico.
- Usar o Book & Quill como um diário científico para documentar as transferências de energia que ocorre no ecossistema.
- Pesquisar o bioma escolhido. Mostrar em um mapa do mundo onde este bioma existe na vida real.
- Usar imagens do mundo Minecraft para criar um cartaz promovendo a conservação.

Além das extensões, também são sugeridos recursos adicionais como acessar Organismos Internacionais como a ONU para acessar relatórios com informações que aprofundem o tema estudado. Por exemplo, acessar o Portal dos Objetivos do Desenvolvimento Sustentável da ONU (https://www.un.org/sustainabledevelopment/blog/2019/05/nature-decline-unprecedented-report/). Assim, discentes e docentes podem acessar diferentes dados na forma de plataforma multimídia favorecendo também o interesse pela pesquisa e pelo conhecimento adquirido e consolidado.

Retornando ao uso dos jogos para o ensino da Geografia após os exemplos citados, vale mencionar que na atualidade é significativo o número de jogos que propiciam a interatividade de comando contínuo (figura 3). Assim, é possível ao discente jogador realizar simulações espaciais e identificar fenômenos e características próprias do lugar projetado. Cabe ao professor de Geografia propor reflexões entre o lugar virtual construído e os lugares reais existentes. É nesse contexto, que os aspectos apresentados para refletir como os jogos virtuais podem ser inseridos e pensados no processo de ensino e aprendizagem são relevantes para a reflexão e uso mais assertivo dos jogos virtuais em sala de aula. Para sintetizar o quadro a seguir procura trazer as características dos jogos no processo e relação com os conteúdos específicos da Geografia.

Quadro 3 – Associações dos jogos virtuais no Ensino da Geografia

Potencialidades	Limitações	Alguns exemplos de conteúdos que podem ser trabalhados em Geografia no Ensino Fundamental e Médio com referência na BNCC
- Faz parte da realidade dos nativos digitais. - Propicia aprendizagem prazerosa. - Possibilidade de ensino híbrido. - Apresenta-se como novidade no processo de ensino e aprendizagem. - Existem vários jogos conhecidos dos discentes para o entretenimento com extensões e versões alinhadas com propostas pedagógicas.	- Necessidade de tecnologias e recursos ainda não acessíveis para todos. - Deve ser visto como um dos meios e não como única solução. - O modelo virtual pode apresentar características e questões da realidade, mas não é o real. - Por ser muito usado para a diversão, pode ser compreendido como uma atividade que não promove conhecimentos.	Ciclos naturais e a vida cotidiana; Situações de convívio em diferentes lugares; Condições de vida nos lugares de vivência; Os usos dos recursos naturais: solo e água no campo e na cidade; Localização, orientação e representação espacial; Gestão pública da qualidade de vida; Fenômenos naturais e sociais representados de diferentes maneiras; Paisagens naturais e antrópicas em transformação; Impactos das atividades humanas; Conservação e degradação da natureza; Representação das cidades e do espaço urbano; Qualidade ambiental; Relações entre os componentes físico-naturais; Transformação das paisagens naturais e antrópicas; Biodiversidade; Questões ambientais Globais; Relevos e tipos de clima; Atividades humanas e dinâmica climática; Transformações do espaço na sociedade urbano-industrial; Significados de território, fronteiras e vazio (espacial, temporal e cultural) em diferentes sociedades, contextualizando e relativizando visões dualistas como civilização/barbárie, nomadismo/sedentarismo e cidade/campo, entre outras. Significados de território, fronteiras e vazio (espacial, temporal e cultural) em diferentes sociedades, contextualizando e relativizando visões dualistas. Etc.

Fonte: Elaborado pelo autor.

6.

SAÍDA DE CAMPO VIRTUAL E O ENSINO DA PAISAGEM

> Eu sou a chuva que lança a areia do Saara
> Sobre os automóveis de Roma
> Eu sou a sereia que dança
> A destemida Iara
> Água e folha da Amazônia
> Eu sou a sombra da voz da matriarca da Roma Negra
> Você não me pega
> Você nem chega a me ver
> (Caetano Veloso, Reconvexo)

A letra de música Reconvexo é a resposta de Caetano Veloso a Paulo Francis, um jornalista que emitia várias críticas ao cantor que se encontrava exilado em Roma. Ao tecer, de maneira poética, a relação entre os fenômenos sociais, culturais e da natureza, o cantor evoca sentimentos e sensações que na sua percepção mostram a identidade que o caracteriza como brasileiro, mesmo que em terra estrangeira.

Entre a natureza transformada, ou não pelo uso e ocupação humana, se apresenta a paisagem carregada de significados a partir das sensações emanadas pelos sentidos. Possibilitar a análise crítica dessas percepções a partir de possíveis interpretações da paisagem, faz com que a Geografia como disciplina escolar seja instrumento um transformador e evocador da consciência humana e da percepção das ações que resultam na transformação espacial.

Dando continuidade aos exemplos, no romance ficcional As Cidades Invisíveis de Italo Calvino, o autor usa da licença poética para relatar diálogos entre o navegador Marco Polo e o Imperador de

Camaluc, atual Pequim, Kublai Khan. Marco faz relatos detalhados de diferentes cidades com itinerários e nomes que extrapolam possibilidades realistas a partir do imaginário de viagens realizadas por Marco Polo.

Em um dos capítulos do livro, por intermédio de Marco Polo, Calvino apresenta a cidade de Valdrada construída à beira de um lago com casas e ruas suspensas sobre as águas em parapeitos balaustrados fazendo com que no lago sejam refletidas todas as ações realizadas. Às vezes o lago espelho aumenta ou anula o valor dos acontecimentos. Calvino escreve que as cidades, real e a refletida, vivem uma para a outra, sempre se olhando nos olhos, mas sem se amar.

Figura 22 – Ilustração de Valdrada

Fonte: https://www.archdaily.com/906742/intricate-illustrations-of-italo-calvinos-invisible-cities/5bfe9f8408a5e52c1e000159-intricate-illustrations-of-italo-calvinos-invisible-cities-photo

Trago a cidade de Valdrada para uma reflexão acerca da visão horizontal e vertical da paisagem. À primeira vista, a partir do foco definido pelo observador passageiro que analisa o reflexo no lago de forma horizontal e também a cidade concreta na forma vertical a partir da vista de até onde o olhar alcança. Por momentos, essa junção das observações, pode ser ampliada ou de particularidades reduzidas, exigindo certas habilidades para compreensão dos fenômenos espaciais.

Trazendo para prática de análise da paisagem em sala de aula, podemos dizer que um é o olhar in loco, em campo, o outro é o olhar por meio de instrumentos de representações gráficas como os mapas. Podemos afirmar que, a partir da habilidade do observador, as duas possibilidades se complementam como objeto de estudo, e diferente do entendimento de Calvino, se amam. É nesse sentido que o trabalho de campo apresenta-se como um instrumento importante para análise espacial, no caso deste capítulo, da paisagem.

Para as observações da realidade *in loco*, temos em Geografia a prática da do trabalho de campo. O trabalho de campo para a pesquisa, apesar de não ser específico, é característico do fazer dos geógrafos. Historicamente, grandes viajantes aventureiros por meio da descrição e das coletas das terras exploradas faziam pesquisa e produziam novas informações. Como lembram Alentejano e Rocha--Leão (2006), a Geografia se sistematizou como ciência tendo como base as pesquisas e relatórios de campo produzidos pelos viajantes e naturalistas.

Com a evolução da Geografia como ciência, Coltrinari (1996) relata que somente a coleta com os olhos, mão e instrumentos se tornaram insuficientes, sendo também necessárias as teorias e hipóteses alinhadas aos métodos adequados. Hoje é mister afirmar que "teoria e trabalho de campo são dois lados de uma mesma moeda" (SERPA, 2006, p. 10).

Na realização do trabalho de campo se apresenta a possibilidade análise da paisagem. Para Serpa (2006), a paisagem tem a vantagem de ser o mais operacional dos conceitos para os levantamentos empíricos e a desvantagem de estar muito associado ao geógrafo naturalista alemão Alexander von Humboldt que trabalhava em campo a partir do seu olhar horizontal limitado pelos pontos de vistas possíveis de alcançar e do geógrafo francês Jean Brunhes com a análise de fotografias das paisagens ameaçadas de desnaturalização. Fato que leva a análise da paisagem de horizontal para vertical. Isto porque, devem-se reconhecer as limitações de uma leitura funcional da paisagem, pois nem sempre a realidade visível (característica da paisagem) mostra o que de fato acontece no espaço. Vemos nesse caso, a importância de aprofundamento de determinados conhecimentos para que o trabalho de campo na escola seja compreendido a partir da sua importância como instrumento de aprendizado.

> A utilização do trabalho de campo como instrumento didático não tem sido alvo de muitas reflexões. Não deveria ser assim, afinal, todo professor de Geografia – principalmente dos ensinos médio e fundamental – já deve ter se irritado quando ouviu de seus alunos ou dos professores de outras disciplinas que no dia tal não haveria aula porque tinha passeio, marcado pelo professor de Geografia... Será que de fato promovemos passeios? (ALENTEJANO; ROCHA-LEÃO, 200, p. 62)

Trabalho de campo não é passeio, tem objetivos, teorias e métodos. Para tanto, faz-se necessário elaborar roteiros com os locais e fenômenos a serem observados e/ou coletados e instrumentos de coletas. São problemas perceptíveis na organização do trabalho de campo: o custo com deslocamento, o tempo necessário, a segurança dos alunos, o alinhamento com os professores de outras disciplinas, apoio do corpo técnico-pedagógico existente.

Reforço que neste capítulo, os meus objetivos são o estudo da paisagem considerando a realidade presente como fruto de ações passadas e responsável pela paisagem futura. Para tanto, são instrumentos relevantes à observação horizontal (o que vejo a frente) e vertical (cartografia). É diante desse contexto e objetivo que trago o trabalho de campo virtual.

Trato como trabalho de campo virtual a possibilidade de conhecer representações bidimensionais e tridimensionais de determinadas realidades tendo o observador o poder para explorar em 360° todas as possibilidades de observação. É nesse sentido, que um bom documentário não pode ser considerado uma saída de campo, pois apresenta somente um plano para o observar e impossibilidade de ação do observador. Diante questões essas, faz-se necessário um grau de interação para identificar um trabalho de campo virtual.

Assim, considero características fundamentais do que trato como trabalho de campo virtual: deve ser uma representação informatizada da realidade na totalidade; deve permitir ao pesquisador observação de 360°; deve ser tridimensional; deve permitir ao pesquisador alterar roteiro se deslocando no espaço virtual de forma ativa; precisa ter qualidade digital para permitir a análise e interpretação do espaço estudado com coletas e registros de dados que contemplem os objetivos de aprendizagem; deve ter potencial para a interdisciplinaridade como nos trabalhos de campo tradicionais.

Como exemplo de ferramenta possível vamos analisar o Google Earth (https://www.google.com.br/earth/), uma ferramenta disponibilizada *online* que apresenta diferentes recursos com múltiplas possibilidades para o ensino da Geografia. A plataforma também está articulada com o projeto Google Earth Education que tem como foco usar o Earth e outras ferramentas do Google para o desenvolvimento do pensamento geoespacial.

Nesse contexto, por meio do Google Earth é possível escolher uma "aventura como viajante" em roteiros já definidos por especialistas. Além disso, a plataforma disponibiliza tutorial para o que o professor desenvolva o próprio roteiro. Um exemplo de aplicação desta ferramenta em sala de aula é a parceria entre o Google Earth e a India Literacy Project, um projeto social fundado em 1990 na Índia que como objetivo melhorar a educação em regiões vulneráveis com crianças com baixo rendimento escolar, frequência ou abandono escolar.

No projeto os professores usam o Google Earth, Google Maps e o Street View (vista da rua) para criar trajetos alinhados aos conteúdos de cada fase da idade escolar. Mesmo sentados em suas salas de aula, as crianças visitam lugares para compreender e conhecer os principais rios da Índia, por exemplo.

Figuras 23 e 24 — Sala de roteiro de trabalho de campo realizado na parceria India Literacy Project

Fonte: https://www.google.com/intl/pt-BR_ALL/earth/education/tools/google-earth/

Seguindo o que aqui identificamos como trabalho de campo virtual vamos considerar características técnicas que evidenciam o potencial desta ferramenta na referida metodologia de ensino.

Quadro 4 – Relação entre o Google Earth e o Trabalho de Campo Virtual

Características fundamentais para o Trabalho de Campo Virtual	Características do Google Earth Pro (Versão *online*)
Deve ser uma representação informatizada da realidade na totalidade.	O espaço é representado por meio de imagens de satélite, fotografias aéreas, em 3D e do Street View. As imagens são coletadas em provedores e plataformas de tempos em tempos.
Deve permitir ao pesquisador observação de 360°.	Permite ao usuário, por meio da função Street View mudar a direção para observação.
Deve ser tridimensional.	Possui construções como imagens realistas em 3D.
Deve permitir ao pesquisador alterar roteiro se deslocando no espaço virtual de forma ativa.	Permite ao usuário modificar o trajeto por meio das áreas mapeadas e fotografadas disponíveis.
De ter qualidade digital para permitir a análise e interpretação do espaço estudado para uma coleta e registros de dados que contemple os objetivos de aprendizagem.	Apresenta qualidade gráfica, na visualização nível solo e também aéreas paisagens considerando os elementos naturais e estruturas artificiais que permite identificação em alta qualidade do espaço estudado.
Deve ter potencial para a interdisciplinaridade como nos trabalhos de campo tradicionais.	Permite a observação das mudanças no decorrer do tempo e análise das ocupações humanas (Ciências Humanas) e das paisagens naturais (Ciências da Natureza). Também é possível inserir no roteiro informações que contemplem outras disciplinas.

Fonte: Elaborado pelo autor

Diante dessa potencialidade da ferramenta, o roteiro deve possibilitar todas as interações. Para exemplificar, vamos usar um roteiro já desenvolvido e disponível no Google Earth intitulado "Aumento do nível do mar e o futuro das cidades litorâneas". O roteiro promove um passeio que se inicia na Antártica passando por Londres (Inglaterra), Nova York (EUA), Mumbai (Índia), Xangai (China), Lagos (Nigéria), Rio de Janeiro (Brasil) e São Francisco (EUA). No roteiro é possível navegar pelas cidades costeiras e verificar a projeções em casos de mudanças climáticas com o aumento da temperatura global e informações que complementam o tour.

Figura 25 – Página inicial do roteiro das mudanças climáticas

Fonte: https://www.google.com/intl/pt-BR_ALL/earth/education/tools/google-earth/

O trajeto inicia-se pela Antártica relacionando o derretimento das calotas polares com o aumento do nível do mar. O navegador também recebe a informação que a poluição por gás carbônico é o principal responsável pela mudança.

Figura 26 – Iniciando pelas regiões polares

Fonte: https://www.google.com/intl/pt-BR_ALL/earth/education/tools/google-earth/

É permitido ao usuário identificar a escala e as localizações e uma análise bidimensional do espaço analisado. Além da imagem vertical, a função StreetView permite que o usuário se desloque por meio de fotografias que permitem a tridimensionalidade e a observação com deslocamento por áreas fotografadas.

Figura 27 – Possibilidades em Street View de registros fotográficos

Fonte: https://www.google.com/intl/pt-BR_ALL/earth/education/tools/google-earth/

No roteiro definido é possível observar duas projeções de aumento da temperatura global e as áreas que seriam alagadas nas cidades estudadas. O roteiro também apresenta o número de pessoas impactadas pelas mudanças.

Figura 28 – Transitando por áreas urbanas londrinas

Fonte: https://www.google.com/intl/pt-BR_ALL/earth/education/tools/google-earth/

Outra característica importante para o estudo da Geografia é o uso dos elementos de um mapa como escala, símbolos, título, rosa dos ventos e coordenadas geográficas e localização no globo terrestre. Assim, também é contemplado o rigor científico para o estudo da cartografia e o seu uso como recurso para analisar fenômenos espaciais. Assim, o uso desse recurso também contribui para o processo da alfabetização cartográfica.

Quadro 5 – Associações da saída de campo virtual com o Ensino da Geografia

Potencialidades	Limitações	Alguns exemplos de conteúdos que podem ser trabalhados em Geografia no Ensino Fundamental e Médio com referência na BNCC
- Sem custos - Segurança - Possibilidades de conhecer diferentes lugares do planeta em uma aula. - Roteiro pré-organizado. - Possibilidade de ensino híbrido. - Navegabilidade intuitiva e usabilidade amigável - Disponibiliza roteiros - Possui tutorial para o professor desenvolver o próprio roteiro.	- Perda da experiência sensorial por não permitir o uso de todos os sentidos. - Deve ser visto como um dos meios e não como única solução. - Necessita de boa infraestrutura de rede e computadores ou dispositivos móveis. - A coleta de informações de amostras como solos e rochas não é possível. - Interação entre os envolvidos pode ser limitada.	O modo de vida das crianças em diferentes lugares; Ciclos naturais e a vida cotidiana; Pontos de referência; Localização, orientação e representação espacial; Paisagens naturais e antrópicas em transformação; A cidade e o campo: aproximações e diferenças; Território e diversidade cultural; Sistemas de orientação; Conservação e degradação da natureza; Mapas e imagens de satélite; Relações entre os componentes físico-naturais; Atividades humanas e dinâmica climática; Biodiversidade; Identidades e interculturalidades regionais; Diversidade ambiental e as transformações nas paisagens; Processos políticos, econômicos, sociais, ambientais e culturais nos âmbitos local, regional, nacional e mundial em diferentes tempos; Utilizar as linguagens cartográfica, gráfica e iconográfica; produção de diferentes territorialidades em suas dimensões culturais, econômicas, ambientais; e produção de diferentes territorialidades em suas dimensões culturais, econômicas, ambientais, políticas e sociais, no Brasil e no mundo contemporâneo.

Fonte: Elaborado pelo autor

7.

PRODUÇÃO DE VÍDEOS E O ENSINO DA REGIÃO

> Ô Cride, fala pra mãe
> Que tudo que a antena captar meu coração captura
> Vê se me entende pelo menos uma vez, criatura
> Ô Cride, fala pra mãe
> (Televisão, Antonio Bellotto, Arnaldo Filho e Marcelo Fromer)

A letra da música Televisão interpretada pela Banda Titãs em 1985 mostra a relação existente entre a televisão e o seu consumo. Os autores falam por meio do bordão "ô Cride fala pra mãe" utilizado pela personagem Pacífico do comediante Ronald Golias, mostrando como as personagens podem influenciar na comunicação cotidiana. Na sequência, a antena capta e o coração captura, ou seja, mais do que ser passivo e receptivo da TV, há um processo de necessidade de capturar essa receptividade absorvendo de maneira passiva e permitiva tudo que é transmitido.

As gerações que viveram o século passado, período da pré-popularização dos computadores pessoais, tinham os programas de TV como fonte de informação, entretenimento, identificação cultural e de consumo.

Essa assimilação às produções audiovisuais e aceitação das pessoas fizeram com que muitos professores passassem a usar os vídeos como recursos em sala de aula. No entanto, a forma de uso de vídeos em sala de aula, por vezes inadequadas, afetou a aceitação discente e a eficácia do recurso. Algumas estratégias inadequadas foram mapeadas por Moran (1995):

Quadro 6 – Tipos de uso ineficientes do vídeo

Tipo de uso	Consequência
Vídeo tapa buraco	Quando o vídeo é utilizado para suprir momentos inesperados como a falta de professor, por exemplo. Aluno entende como um momento que não ouve aula.
Vídeo enrolação	Quando o vídeo não apresenta muita relação com o conteúdo. Aluno compreende como um momento em que é "camuflada".
Vídeo deslumbramento	Quando o professor é tão empolgado que usa vídeo em todas as aulas esquecendo outras possibilidades.
Vídeo perfeição	Quando professores questionam todos os vídeos quanto à qualidade estética ou problemas de informação. Sendo a possibilidade de análise crítica junto aos alunos descartada.
Só vídeo	Quando o vídeo é somente apresentado sem discussão e relação com os assuntos trabalhados.

Fonte: Moran (1995)

Apesar das possibilidades inadequadas de uso do vídeo em sala de aula, o problema não está no recurso e sim na estratégia. Os vídeos são tecnicamente sensoriais por possibilitarem o uso de articulação de diferentes tipos de linguagens podendo informar de forma dinâmica e eficiente.

> O vídeo é sensorial, visual, linguagem falada, linguagem musical e escrita. Linguagens que interagem superpostas, interligadas, somadas, não-separadas. Daí a sua força. Somos atingidos por todos os sentidos e de todas as maneiras. O vídeo nos seduz, informa, entretém, projeta em outras realidades (no imaginário), em outros tempos e espaços. (MORAN, 1995, p. 28)

Reconhecemos as boas produções e o potencial dos vídeos como meio de informação e comunicação nas estratégias de ensino e aprendizagem. Mas o foco é ampliar a interatividade e a criação discente. Ou seja, permitir que as crianças e adolescentes produzam o próprio vídeo.

Na contemporaneidade, a possibilidade de produção de vídeos pelos discentes se potencializou com a evolução tecnológica. Os nativos digitais, diante da popularização dos instrumentos *mobile* com câmeras de resoluções cada vez melhores e aplicativos de edição, possibilitam que crianças e adolescentes sejam criadores de conteúdos das suas diferentes mídias sociais com o registro de atividades cotidianas, por exemplo. Junto às câmeras com boas resoluções os *softwares* de edições também estão disponíveis de forma gratuita e com recursos aplicáveis de forma intuitiva no processo de edição. Assim, os professores podem solicitar diferentes produções a partir de recomendações claramente estipuladas aos alunos.

Para tanto, inicialmente cabe ao professor apresentar a proposta, caracterizando e delimitando a atividade. Vamos abordar aqui o estudo das regiões em que a região também se insere como conceito fundamental em Geografia. Destarte, Inicialmente é importante mencionar os tipos de fenômenos a serem estudados nas regiões ou as regiões serem estudadas apresentando diferentes fenômenos. Ou seja, o professor pode pedir para uma equipe (para este tipo de atividade, a produção em equipe é mais indicada) apresentar as questões sociais da região sudeste do Brasil e para outras indicar que estudem a questão econômica, urbana, entre outras, de acordo com o conteúdo programático.

Após a definição de como será estudada a região objeto de estudo, e a divisão de equipes, deve-se definir o tempo médio de duração do vídeo e a data para a apresentação. Na definição do prazo deve-se considerar o tempo para a pesquisa, escolha das tecnologias e estilo do vídeo (é mais indicado deixar que a escolha do vídeo seja livre. Diferentes estilos tornam o momento da apresentação mais interessante para os espectadores), roteirização, filmagens, edição, apresentação com discussão. Assim, pode-se dizer que a sequência didática pode ser dividida em 3 etapas: planejamento, execução e apresentação.

Planejamento: definição dos temas, definição dos critérios de avaliação, formação das equipes, estipulação do tempo do vídeo, estilo e tempo para a produção.

Execução: pesquisa dos conteúdos, definição do estilo (quando for livre), roteirização, filmagens e edição.

Apresentação com discussão e avaliação: momento de socialização das produções com a intervenção do professor estimulando a discussão e complementando informações. No processo de avaliação o professor precisa tomar cuidado para não avaliar a qualidade de produção e sim a forma como foram apresentados os conteúdos. Ou seja, não é avaliação do vídeo e sim das informações apresentadas.

Hábeis na produção cotidiana de fotos e vídeos, os nativos digitais são conhecedores de diferentes tipos de linguagem. Destarte, os estilos da produção podem ser mistos e integrar diferentes recursos como, por exemplo, músicas, paródias, poemas, representação teatral, colagens, desenhos, memes, gifs, fotografias, mapas, outros vídeos, infográficos, piadas etc. Por exemplo, na figura 29 as alunas realizaram uma produção com o uso de animações com avatares próprios mostrando informações da cultura do nordeste brasileiro.

Figura 29 – Uso de animações na produção audiovisual discente

Fonte: Extrato de vídeos de produção discente

No exemplo apresentado na figura 30 mostra-se o uso de fotografias para exemplificar as narrações na forma de documentário. Esse é um estilo mais tradicional. No entanto, quando trabalhado de forma livre pelos discentes é possível a junção inesperada de outras linguagens, por exemplo, a inserção de um meme para dar ênfase à alguma informação.

Figura 30 – Apresentação de vídeo na forma de documentário

Fonte: Extrato de vídeos de produção discente

O uso do vídeo pode ser usado para diferentes temas. Aqui se optou pela região. A partir das regiões será possível estudar outros fenômenos que são pertinentes à Geografia. Por exemplo, região mais populosa do estado, região com maior índice de violência no município, região com maior participação das mulheres no mercado de trabalho, entre outras várias possibilidades. É diante dessa forma de contemplar o estudo das regiões considerando diferentes conteúdos, que o uso do vídeo como recurso apresenta-se uma alternativa viável.

Quadro 7 — Associações da saída de campo virtual com o Ensino da Geografia

Potencialidades	Limitações	Alguns exemplos de conteúdos que podem ser trabalhados em Geografia no Ensino Fundamental e Médio com referência na BNCC
- Discente como sujeito na produção. - Os resultados imprevisíveis garantem a surpresa e o interesse da turma. - Todos os temas podem ser trabalhados. - Possibilita múltiplas linguagens. - Os recursos estão cada vez mais acessíveis. - Estimula e a criatividade e o interesse. - Favorece o trabalho em equipe.	- Dedicação para a produção faz com que o processo leve tempo e seja cansativo. - Requer recursos para a produção e apresentação. - Requer certa maturidade de pesquisa para não utilizar informações imprecisas. Cabe ao professor abordar possíveis equívocos na apresentação. - Interessante que seja usado uma vez no ano letivo para garantir o interesse pela novidade.	Pode ser usado em todos os conteúdos da Geografia.

Fonte: Elaborado pelo autor

8.

INTELIGÊNCIA ARTIFICIAL E O ESTUDO DO ESPAÇO

> Quando piso em flores
> Flores de todas as cores
> Vermelho-sangue
> Verde-oliva
> Azul-colonial (celestial)
> Me dá vontade de voar sobre o planeta
> Sem ter medo da careta na cara do temporal
> Meu bem, meu bem-me-quer
> Te dou meu pé, meu não
> Um céu cheio de estrelas
> Feitas com caneta bic num papel de pão
> (Boi de Haxixe, Zeca Baleiro)

A letra da música Boi de Haxixe apresenta de maneira poética, um espaço romântico para a uma declaração de amor constituída a partir do imaginário e lirismo que integram elementos na descrição do espaço idealizado pelo autor e que ganham formas na oralidade. A inclusão da caneta industrializada com a marca de uma multinacional francesa mostra a relação entre o natural e artificial e, entre o local com a inspiração do Boi de Axixá, típico do Maranhão, e o global e temporal ao ter como também como referência "O poema do haxixe", de Charles Baudelaire, poeta francês do século XIX. Assim, se mostra um espaço geográfico. Ele resulta de uma história e se manifesta no tempo com as suas características naturais e intervenção humana. Ele é resultado das ações do e no tempo. É resultado das relações entre diferentes espaços. Da mesma forma, ele é resultado da transformação e agente transformador da sociedade.

No espaço, o meio é transformado e transforma o ambiente. Neste sentido, o espaço resulta da intervenção e compreensão social, e, ao mesmo tempo, é a referência para as relações sociais, culturais e econômicas, enquanto os meios se tornam os recursos para a transformação espacial e social.

Inicialmente, temos um espaço que é concreto, mas que é qualificado a partir da percepção humana. Diante das possibilidades de relações no mundo virtual, novas perspectivas ampliam o campo de atuação e relação social. Nessa relação entre o real e o informatizado, o mundo virtual se apresenta diante de diferentes possibilidades que influenciam o entendimento individualizado do mundo até as relações mais sociais que mudam realidades concretas e lineares a partir da integração em redes.

O Sociólogo Manuel Castells nos mostra que estamos cada vez mais em uma era da informação em que, não só a economia, mas a sociedade e a cultura sofrem mutações nas novas relações com o espaço e o tempo. Como apresenta Castells (1999), diante dos diferentes graus de conectividades possíveis, uma sociedade em rede se formata no planeta a partir da velocidade com que as relações são propiciadas por meio das tecnologias disponíveis.

É nessa, cada vez mais complexa relação e diferentes espaços propiciados pelas tecnologias da informação, distâncias e tempos são encurtados e os diferentes espaços se configuram e se conectam ou desconectam a partir das velhas e novas relações sociais possíveis.

É diante desse mundo que a cada dia mais pode ser interpretado a partir da sua sistemicidade e complexidade que a análise do espaço torna-se relevante e importante para entender as transformações cada vez mais intensificadas pelo uso das tecnologias surgentes. Diante dessa realidade está o espaço como objeto de estudo da Geografia.

O estudo do espaço geográfico é fundamental para o entendimento dos demais conceitos relevantes em Geografia e as suas especificidades. Ou seja, o espaço é o ponto de partida para o entendimento das delimitações características que constituirão os demais conceitos geográficos aqui tratados (lugar, território, paisagem e região). Como conceito fundamental em Geografia é relevante considerar que ele é uma construção conceitual a partir da constituição do entendimento de como a sociedade se apropria, ocupa e interage no espaço que pode ser natural, artificial e socialmente constituído.

Diante disso, o estudo da Geografia sempre é um estudo espacial e social com diferentes graus de entendimento das interações e relações entre o espaço e a sociedade. Com a evolução tecnológica, essas relações e interações se ampliam a partir da constituição dos espaços virtuais e as possibilidades de interatividades possíveis (apresentadas no capítulo 3 deste livro).

As possibilidades de interações entre humanos e máquinas se ampliam a partir da evolução da Inteligência Artificial (AI). Na atualidade, de forma simplificada, podemos considerar a AI como a elaboração de programas computacionais que são modelos que visam reproduzir a capacidade humana de raciocinar. Ao apresentarem um comportamento cerebral humano é possibilitado às máquinas aprenderem, raciocinarem e decidirem por meio de redes neurais artificiais.

Historicamente, almejar uma criação artificial dos seres humanos se faz presente no imaginário humano e nas práticas de alguns inventores. Nesse contexto se inserem os autômatos que são máquinas na forma de pessoas ou animais capazes de reproduzir movimentos humanos. Vamos citar como exemplo, os autômatos fabricados pelos relojoeiros Pierre Jaquet-Droz, seu filho Henri-Louis e Jean-Frédéric Leschot entre os anos de 1768 e 1774. Trata-se de três autômatos que se encontram no *Musée d'art et d'histoire de Neuchâtel*. Eles são a representação de uma musicista, um escritor e um desenhista. Ainda hoje é possível assistir suas apresentações na exposição permanente do museu.

Figura 31 — Autômatos no Museu de Neuchâtel

Fonte: https://www.mahn.ch/fr/expositions/automates-jaquet-droz

Durante a apresentação, cada autômato exerce a sua habilidade, um desenha, a outra toca um instrumento e o escritor escreve a frase na forma de pergunta "eu não penso, logo eu não seria nada?" fazendo alusão ao filósofo, físico e matemático francês René Descartes (1596-1650). Na sua construção Teórica René Descartes apresenta os autômatos como máquinas com movimentos e calor provenientes dos fenômenos físicos e não da alma (próprias de seres humanos).

Mas quando não tratamos de movimentos, mas sim de pensamentos? No contexto da reflexão filosófica, uma máquina com a capacidade de pensar desafia o entendimento do homem como único ser capaz de refletir a agir racionalmente diante da própria existência. Ou seja, a frase "penso, logo existo" de Descartes poderá ser ampliada com a evolução da AI. São questões relevantes, a partir do entendimento que as conexões cerebrais, experiências e reflexões acerca da própria existência tão próprias da materialidade e "alma" humana, podem ser (re)criadas em máquinas? Se sim, como as máquinas reagirão? Descartes, via na imaterialidade a "alma" humana sendo improvável a sua reprodução. Mas também há a interpretação de que as capacidades cerebrais mais desenvolvidas e complexas são resultados de conexões biológicas que podem de alguma forma ser reproduzidas. São questões que, historicamente, fazem parte das discussões em diferentes áreas do conhecimento.

Neste contexto, filosoficamente questiona-se se a máquina terá a consciência da própria existência e será capaz de obter pensamentos próprios de quem tem a consciência dos seus sentimentos e atitudes. Acerca dos sentimentos, vale nos atentarmos às artes. Dentre os exemplos possíveis, vamos analisar a obra literária "O Mágico de Oz", escrito por Lyman Frank Baum em 1900, inicialmente com o título "A Cidade das Esmeraldas". Aqui vamos aproveitar das características das personagens para exemplificar algumas questões que envolvem essa relação entre os seres não humanos e as capacidades tidas como humanas. O primeiro é o leão, um animal que busca a coragem para ser capaz de ser o rei das selvas. No caso do Leão, vemos além do instinto animal, a percepção de como as suas características são parte do seu caráter e que influenciam nas suas atitudes, e não como algo biológico. O segundo, o Espantalho que não possui Cérebro, neste caso fonte de raciocínios e pensamentos para as tomadas de decisões inteligentes. O terceiro, é o Homem de Lata que, sem coração, busca sentimentos próprios dos humanos, assim entendido, por que são capazes de interpretá-los. Estas e outras questões, direta e indiretamente, envolvem todas as discussões filosóficas da Inteligência Artificial.

Mesmo sendo uma questão antiga, podemos dizer que a partir da evolução computacional oriunda dos tempos da Segunda Grande Guerra Mundial, a AI foi se projetando como objeto de estudo. Um dos marcos históricos se dá em 1950 quando Alan Turing propõe um teste para avaliar a capacidade de uma máquina se passar por um ser humano. Esse experimento ficou conhecido como teste de Turing. Outro marco é quando John McCarthy, em 1956, cunhou termo Inteligência Artificial para designar as pesquisas para o desenvolvimento de máquinas capazes de repetir as capacidades mentais humanas de forma autônoma.

Desde então, exemplos pesquisas e investimentos em AI estão evoluindo com mais veemência. Podemos citar como exemplos a Eliza criada em 1964 para conversar com humanos; o Aibo, um cão robô criado em 1999 pela Sony capaz de desenvolver diferentes comportamentos com o decorrer do tempo; ou Eugene um *chatbot* (programa que simula um ser humano interagindo com pessoas) que passou no teste de Turing em 2014. Esses são só alguns exemplos existentes e que vão se multiplicando nos tempos atuais.

Figura 32 – Aibo interagindo com seres humanos

Fonte: https://us.aibo.com/

Na imagem podemos ver o Aibo, que segundo a fabricante Sony (2022) "com a capacidade de aprender e reconhecer rostos, ele desenvolve uma familiaridade com as pessoas ao longo do tempo. Essa experiência também molda o comportamento do Aibo. Quando vê alguém que é sempre simpático e amigável, o Aibo se aproxima e fica confortável". O cão robô nos apresenta, como um ser inteligente, a autonomia para agir e tomar decisões, capacidade de aprender, cooperar, interagir e manifestar identificação ao se relacionar com pessoas.

Diante da sua complexidade, a AI envolve várias áreas do conhecimento como a psicologia, matemática, computação, biologia, neurociência, linguísticas, eletrônica, física, ciência dos materiais, entre outras. No entanto, na educação a AI, se prospecta ainda de maneira embrionária. Porém, com amplas possibilidades a partir da evolução e ampliação de acessos da internet em redes sem fio, dispositivos móveis e do armazenamento em nuvem.

Além disso, a integração entre novos *softwares* e dispositivos físicos também se tornam cada vez mais acessíveis e disponíveis. Assim, a AI tende a evoluir no campo educacional a partir da evolução dos programas computacionais de inteligência artificial e também das articulações e interações possíveis entre pessoas, *softwares* e *hardwares*. Fato que também afetará a forma de se relacionar socialmente. Eis que temos mais temas para serem estudados em Geografia a partir das possíveis mudanças nas relações sociais.

Um exemplo é o filme "Ela" (título original "Her") dirigido por Spike Jonze que mostra uma história de amor entre o escritor

Theodore (interpretado por Joaquin Phoenix) e o sistema operacional Samantha (Scarlett Johansson). Ao tratar de uma relação tão improvável e, ao mesmo tempo, tão possível (na parte final do filme, o protagonista observa várias pessoas interagindo com sistemas operacionais por meio de fones de ouvido (figura 33), permitindo uma reflexão das necessidades humanas e como a AI pode ser parte carências mais afetivas), Jonze traz a tona reflexões acerca dos conflitos éticos, morais e sentimentais que uma relação pode propiciar entre humanos ampliando para a relação humano-máquina a partir da evolução da Inteligência Artificial.

Figura 33 – Pessoas interagindo com sistemas operacionais por meio de fones de ouvido no filme "Ela"

Fonte: https://opdoodles.com/2014/02/spike-jonze-her.png

Cada vez mais essa realidade fará parte das relações sociais e das vidas das pessoas. Neste caso, amplia-se a possibilidade de estudo da sociedade como objeto de estudo na Geografia. Essa transformação das relações impulsiona novas formas de entender a sociedade e a sua relação com o espaço, seja real ou virtual. Neste contexto, é um amplo e necessário caminho a percorrer como objeto de estudo.

De fato, as relações entre humanos e máquinas ainda não se apresentam tão intensas como no filme usado como exemplo. Mas, a AI, em constante mudança e evolução, já se faz presente de diferentes formas sendo passíveis também de serem usadas como recursos no processo de ensino e aprendizagem.

Vamos apresentar como exemplo o *software* NMKD Stable Diffusion GUI – AI Image Generator, uma ferramenta que utiliza Inteligência Artificial e Aprendizado de Máquina para gerar imagens a partir de textos digitados pelo usuário no seu computador. O aprendizado de máquina (*machine learning*) é um ramo da AI que parte da concepção que a máquina pode aprender com dados já existentes e, com isso, ser capaz de tomar decisões. No caso deste *software*, o sistema aprendeu através de diferentes bancos de imagens para gerar um modelo computacional e criou novas imagens baseadas neste aprendizado.

Na prática, com o NMKD, é possível digitar características de uma paisagem idealizada, inserindo as informações no *software*, que utilizando um modelo previamente treinado através de um banco de imagens, gera as novas imagens, totalmente inéditas. Por exemplo, ao digitar "*a house in a lake on nature mountain and sky*" (uma casa no lago em meio a montanha e o céu) obteve-se a imagem.

Figura 34 – Casa no lago obtida a partir da solicitação do usuário

Fonte: Desenvolvido no **NMKD** Stable Diffusion GUI - AI Image Generator

A partir da solicitação humana e da criação da máquina, podemos dizer que também há o processo de "criatividade computacional", uma cocriação entre humanos e máquinas, que está alinhada principalmente com a produção de uma espécie (neste caso) de arte computacional por meio de modelos para a projeção de imagens. São criações que podem potencializar a criatividade humana e também o entendimento das relações humanas no e com o espaço a partir do momento que as configurações espaciais são projetadas. A figura a seguir mostra três exemplos, uma rocha em meio à natureza, dois corpos celestes no universo e a projeção de uma sala de aula com professor e estudantes.

Figura 35 – Exemplos de imagens criadas no NMKD Stable Diffusion GUI – AI Image Generator

Fonte: Desenvolvido no NMKD Stable Diffusion GUI - AI Image Generator

Como podemos observar nas imagens, com a AI, a partir de comandos capazes de gerar exemplos visuais como no caso da criatividade computacional, permite-se a construção de exemplos que enriqueçam o ensino da Geografia e das diferentes possibilidades de projeções espaciais. Neste caso, será possível construir e transformar possibilidades de análise do espaço. Assim, ser capaz de criar ou projetar ideias para a análise espacial, permite ao educando uma interpretação do espaço real em diferentes escalas.

Quadro 8 – Associações Inteligência Artificial com o Ensino da Geografia

Potencialidades	Limitações	Alguns exemplos de conteúdos que podem ser trabalhados em Geografia no Ensino Fundamental e Médio com referência na BNCC
- Discente como sujeito na produção. - Interações entre humanos e máquinas possibilitam resultados criativos. - Os recursos estão cada vez mais acessíveis. - Propicia a interdisciplinaridade. - Estimula e a criatividade e o interesse. - A cada dia faz mais parte do cotidiano de educadores e educando. - Amplia as possibilidades de estratégias de ensino e aprendizagem. - Apresenta-se não só como recurso, mas também como objeto de estudo por mudar as relações sociais.	- Ainda é incipiente na educação e requer evolução tecnológica e a popularização para ampliar as possibilidades. - Requer investimentos em infraestrutura e equipamentos. - Quando o recurso for *software* a língua inglesa ainda é a mais usual limitando o uso dos usuários que não dominam o idioma. - São recursos que requerem bons dispositivos, qualidade de rede e de armazenamento de dados.	Pode ser usado em todos os conteúdos da Geografia.

Fonte: Elaborado pelo autor

9.

TENDO O FIM COMO COMEÇO: REFLEXÕES DO FUTURO "PRESENTE" NO ENSINO DA GEOGRAFIA. APRENDER É PRECISO, ENSINAR NÃO É PRECISO

> O Barco!
> Meu coração não aguenta
> Tanta tormenta, alegria
> Meu coração não contenta
> O dia, o marco, meu coração
> O porto, não!...
> Navegar é preciso
> Viver não é preciso
> (Caetano Veloso, Os Argonautas)

A frase "navegar é preciso, viver não é preciso" é atribuída ao general romano Pompeu no século I a.C e amplamente divulgada na poesia de Fernando Pessoa que afirma que necessário não é viver, e sim criar para tornar a vida de toda a humanidade. Trago durante a reflexão a interpretação do preciso como precisão e não como precisar.

Diante da imprecisão do viver surgem as dúvidas, medos e inseguranças nas transições. Sentimentos que nos tornam humanos diante da imprevisibilidade do novo, mas que nos fazem próprios de uma humanidade quando ousamos nas projeções e consideramos os riscos das mudanças para as realizações do outro. Na busca do outro há o crescimento de todos os envolvidos no processo de aprender, portanto, é preciso.

Ensinar resulta das relações entre docente e discente, destarte é humano. Esse encontro dos dois mundos na junção e no navegar, com tormentas previsíveis, trazem as possibilidades das tecnologias para precisar as aprendizagens. Elas surgem como instrumentos e buscar a precisão para a realização do outro é comportamento humano de toda a humanidade.

> Navegar é preciso? Sim! Navegar é uma viagem exata. Fazia-se com bússolas e astrolábios. Hoje, faz-se com satélites, GPS' e www's. Viver não é preciso? Não! É uma viagem feita de opções, medos, forças, inseguranças, persistências, constâncias e transições... Mais de 2000 mil anos depois, interrogamo-nos: Viver não é preciso? Não, quando navegar é sonhar, ousar, planejar, arriscar, empreender, realizar... Porque aí, navegar é viver! (Universidade de Coimbra, https://www.uc.pt/navegar)

Vou aqui partir do princípio que o presente é o futuro que já se faz presente. No entanto, problemas passados como as limitações de infraestrutura, cultura e pessoal nos afetam para chegarmos aos potenciais pedagógicos que as tecnologias podem nos proporcionar.

Porém, mesmo com as privações existentes, a mudança de abordagem é o princípio básico para a garantia de uma educação adequada ao cotidiano e cultura em que discentes se inserem.

Essa abordagem requer um novo pensar e consequentemente um novo agir. Não adianta o uso de novos recursos e métodos para validar velhos hábitos que não propiciam uma aprendizagem significativa. Para ilustrar melhor, vamos resgatar um projeto de artistas franceses liderado por Jean-Marc Côté apresentado pela primeira vez em 1900 na cidade de Paris. Trata-se da coleção "França no Ano 2000" em que artistas procuravam representar na forma de gravura como seria a realidade 100 anos no futuro. Para a educação temos a projeção a seguir.

Figura 36 – Gravura francesa do Século XIX projetando o Século XXI

Fonte: https://mood.sapo.pt/artistas-do-seculo-xx-pintam-franca-do-seculo-xxi/#slide=14

A imagem mostra o uso das tecnologias para aprimorar os mesmos velhos hábitos. Os alunos se mantêm presos e passivos ao conhecimento bancariamente depositado pelo professor e seu aluno auxiliar, que mostra a aceitação e reforça a prática sem questionar a forma. No caso da gravura se projetou a evolução tecnológica e não a mudança social.

A sociedade mudou ao mesmo tempo em que novas tecnologias surgiram. Não temos mais os alunos do século XIX, por mais que algumas vezes a cultura e a estrutura escolar nos façam acreditar que sim. Diante dessas reflexões iniciais que neste capítulo compartilho algumas das inquietações que me levaram a escrever esse livro, perceberão que caberia muito bem como introdução, sendo esse mesmo o objetivo, que as reflexões propostas possam ter alguma representatividade para o início ou reforço de um trajeto em que o processo só faz sentido quando a aprendizagem é significativa.

Ensinar não é preciso!

No sentido de "precisar", ensinar é preciso e necessário, ao mesmo tempo impreciso, no sentido de "precisão", diante do dinamismo imprevisível que o interior da sala de aula promove. As imprecisões, nos dois sentidos, estão nas atuações, reações e problemas inesperados. O planejamento reduz, mas não elimina o inesperado. Ao mesmo tempo, discentes não são cobaias e sala de aula não é laboratório de práticas pedagógicas. Porém, a realidade impõe novas práticas. Pensar e agir equilibradamente e com coragem é um desafio necessário.

Aprender é preciso!

Com os nativos digitais cada vez mais inseridos no contexto das novas tecnologias, uma aprendizagem humana, crítica e precisa (de precisão) é necessariamente precisa (de precisar). Não se trata de não refletir criticamente acerca das mazelas possíveis que as tecnologias podem contribuir no contexto das relações humanas e sociais. Mas negar a tecnologia é distanciarmos da realidade discente e, portanto, arriscado e imprudente.

Compartilho uma frase que sempre me incomodou em sala de professores, a clássica no "no meu tempo não era assim", não é mais o nosso tempo é o tempo deles (também nosso, se extrapolarmos uma sala ocupada somente por professores), com todos os infortúnios e possibilidades de um novo mundo de conexões e interações virtuais e reais.

Também sempre me causou inquietação, a fala de uma ex-diretora de escola "a criança precisa saber quem é o adulto da sala". Sendo o adulto eu estou me distanciando ou trazendo a seriedade necessária ao processo de ensino e aprendizagem? Entendo que a seriedade está na responsabilidade e no envolvimento com uma prática que realmente propicie a aprendizagem e não na atitude disciplinar do professor que tem o "controle da turma".

Destarte, sou humildemente contrário ao poeta Oswaldo Montenegro por não conseguir, e não poder, amar um pescador "que se encanta mais com a rede que com o mar". Assim, as tecnologias serão sempre meios e o fim está no respeito pela aprendizagem que seja significativa diante do aprender que pode ser preciso de precisão, mas obrigatoriamente deve ser preciso, de necessário.

Livro, te esquecerei?

Das paredes para as rochas. Dos pergaminhos para os livros. Dos impressos para os digitalizados. Muda em forma, mas não em essência. De forma equivocada, o livro didático é visto como único recurso, mais do que isso, um instrumento utilizado de forma errada pelo professor. Livro é uma fonte importante e, portanto, não deve ser negado. O que propus aqui foram formas que também podem ser usadas. Não se trata de substituir práticas, mas de não se render aos erros que tornam o ensino de Geografia visto como de memorização. Destarte, novas práticas são necessariamente bem-vindas.

As tecnologias são recursos e podem também ser objetos de estudo na Geografia!

Projetam-se nas tecnologias novas formas de interações sociais e relações com o espaço real ou virtual. Assim, por fazer parte do cotidiano dos discentes, a tecnologia se apresenta como recurso amigável para o processo de ensino e aprendizagem. No entanto, sendo também relevante para o entendimento das relações sociais pertinentes para a Geografia, as tecnologias também se tornam conteúdos necessários para análise sociológica no prisma geográfico.

Aceitar o novo não significa negar o velho!

Todos nós temos uma história, aceitar a das nossas crianças e adolescentes, não significa negar a própria. Temos as nossas percepções como professores e não podemos negá-las. Ao mesmo tempo, aceitar o novo pelo outro é sermos maduros o suficiente para compreendermos o nosso papel docente. Como diria Belchior em Como Nossos Pais "o novo sempre vem". Saber lidar com a questão não se trata do vislumbramento de ser capaz de perceber possibilidades.

Essas possibilidades se fazem mais presentes quando o foco não é o que eu acredito, mas no que faz a criança ou adolescente acreditar.

Ao escrever essa parte, conversei com alguém muito importante que pode contribuir "É! Normalmente não é! Tudo que é novo exige uma dose extra de energia cerebral e nós somos bichos preguiças por natureza. Maaaas, dá para tornar esse processo mais leve, justamente neste ponto que as tecnologias ou a forma como o docente vai conduzir o processo pode gerar uma situação prazerosa." Creio que seja isso, "o prazer" está na aprendizagem e não nas crenças.

A evolução exige a coragem da Alice!

Escolher a Alice foi proposital. Três traços são relevantes na personagem: a coragem, gosto pela novidade e o encantamento no trajeto. Vamos nos prender a essa coragem jovial e necessária para fazer parte de um mundo não tão novo de possibilidades.

É no mundo das tecnologias que as batalhas se traçam, os discentes, ora podem se manifestar na forma tranquila e observadora do Gato de Cheshire, na agitada e questionadora Lebre de Março, na forma enigmática e, de certa forma, feliz e adepta às mudanças como a Lagarta Absolem. Eles são as manifestações das nossas alegrias, tristezas e inquietações. É para eles e por eles que o papel de professor faz sentido. Por essa proximidade, sejamos todos Alice.

No presente o futuro já se faz presente!

O futuro se faz tão presente no nosso presente quanto o nosso passado. Não se trata de um simples jogo de palavras. Muitas das vezes, nos encontramos no século XXI com o pensamento do século XX e práticas comuns ao século XIX.

O problema se acentua quando as nossas crianças e adolescentes só conhecem a realidade do mundo em que nasceram. Nele são passivamente conectados e interativamente agentes nessas conexões. Negar essa realidade é distanciar do que entendo com o maior objetivo docente, contribuir para um mundo de cultura e conhecimentos superiores capazes de transformar indivíduos e sociedade diante de uma identidade do humano muito mais humanizada e humanitária.

O papel da Geografia como disciplina se renova!

> A prática de velejar coloca a necessidade de saberes fundantes como o do domínio do barco, das partes que o compõem e da função de cada uma delas, como o conhecimento dos ventos, de sua força, de sua direção, os ventos e as velas, a posição das velas, o papel do motor e da combinação entre motor e velas. Na prática de velejar se confirmam, se modificam ou se ampliam esses saberes. (FREIRE, 1996, p. 22)

Muitas das vezes me questionei durante a escrita deste livro. Estou falando do ensino da Geografia ou de educação? Como geógrafo com a capacidade de generalização (mas com o esforço de fugir das superficialidades) habitual, digo que os dois. Isto porque os dois são um só. São a combinação motor e vela de um barco chamado ensino de Geografia.

Em tempo de negacionismos, terraplanismo e teorias conspiracionistas das mais variadas formas, as Tecnologias da Informação e Comunicação são instrumentos operados em diferentes interesses. É esse universo, cada vez mais virtual e de interatividade, que torna os conceitos em Geografia dinâmicos e relevantes. Como prática pedagógica essas tecnologias permitem a aproximação entre o discente, conceitos e objetos de aprendizagem. Ou seja, a escolha da ferramenta adequada, permite o pensar conceitualmente o conhecimento que se objetiva.

Para exemplificar: um *software* de simulação de uma cidade (tecnologia) possibilita o estudo do processo de urbanização (objeto do conhecimento), por meio do estudo da sua paisagem (conceito fundamental em Geografia). Por meio de uma análise conceitual cada vez mais apurada os discentes se tornam críticos e conscientes da sua relação no e com o mundo que o cerca.

O novo, não tão novo, pode ser uma novidade no processo de ensino e aprendizagem. Não se trata de buscar o novo somente pela novidade. Trata-se de se aproximar das linguagens e cotidianos dos educandos, sendo capaz de promover aprendizagem significativa.

É diante das novas possibilidades de representações espaciais e relações sociais, que um sempre novo tempo se apresenta como novidade e com novidades. A compreensão crítica dessa realidade faz da Geografia uma disciplina renovada na própria novidade do seu objeto de estudo.

Finalizo como comecei este tópico, citando o mestre e pensando humildemente que possa ter contribuído de alguma forma para uma reflexão que reforce a busca incessante e (re)avaliadora das nossas práticas docentes. "Se nada ficar destas páginas, algo pelo menos, esperamos que permaneça: nossa confiança no povo. Nossa fé nos homens e na criação de um mundo em seja menos difícil amar" (FREIRE, 2013, p. 253).

REFERÊNCIAS

ALENTEJANO, Paulo Roberto Raposo; DE ROCHA-LEÃO, Otávio Miguez. Trabalho de campo: uma ferramenta essencial para os geógrafos ou um instrumento banalizado?. **Boletim Paulista de Geografia**, n. 84, p. 51-68, 2006.

ALVES, Rubem. **A alegria de ensinar.** 3 ed. São Paulo: ARS Poética Editora, 1994.

ANDREEWSKY, Évelyne. Mas o mapa por vezes transforma o território. Modelização inactiva e outonomização. In: MORIN, Edgar; MOIGNE, Jean-Luis Le Moigne. **Inteligência da complexidade, epstemologia e pragmática.** Lisboa: Instituto Piaget, 2007.

BEARD, Leslie et al. A survey of health-related activities on second life. **Journal of medical Internet research**, v. 11, n. 2, p. e1192, 2009.

BOELLSTORFF, Tom. Coming of age in Second Life. In: **Coming of Age in Second Life**. Princeton University Press, 2015.

CALVINO, Italo. **As cidades invisíveis.** São Paulo: Companhia das Letras, 1990.

CARROLL, Lewis. **Alice no país das maravilhas.** Porto Alegre: L&PM, 1998.

CASTELLS, Manuel. **A sociedade em rede.** 6. ed. São Paulo: Paz e Terra, 1999.

CASTELLAR, Sônia; VILHENA, Jerusa. **Ensino de Geografia.** São Paulo: Cengage Learning, 2019.

CATTARUZZA, Amaël. Where is Liberland? Ideology and power beyond territory. **Dialogues in Human Geography**, p. 20438206221108771, 2022.

CAVALCANTI, Lana de Souza. Cotidiano, mediação pedagógica e formação de conceitos: uma contribuição de Vygotsky ao ensino de geografia. **Cadernos Cedes**, v. 25, p. 185-207, 2005.

CAVALCANTI, Lana de Souza. Ensino de Geografia e diversidade: construção dos conhecimentos geográficos escolares e atribuição de significados pelos diversos sujeitos do processo de ensino. In: CASTELLAR, Sonia (orgs.). **Educação Geográfica:** teorias e práticas docentes. 3. ed. São Paulo: Contexto, 2011.

CLAVAL, Paul. **A paisagem dos geógrafos**. In: CORREA, Roberto Lobato; ROSENDAHL, Zeny. Geografia Cultural: Uma Antologia, *Vol. 1*. Rio de Janeiro: EDUERJ, 2012.

COLTRINARI, Lilian. Trabalho de campo, Geografia, século XXI. Florianópolis: Programa de Pós-Graduação em Geografia: UFSC. **Colóquio O Discurso Geográfico na Aurora do Século XXI,** 1996.

CORRÊA, Roberto Lobato. Região: a tradição geográfica. **R. bras. Geogr.**, Rio de Janeiro, v. 57, n. 3, p.1-107, jul./set. 1995.

DEMO, Pedro. **Complexidade e aprendizagem:** a dinâmica não linear do conhecimento. São Paulo: Atlas, 2011.

FERRÉS, Joan. **Vídeo e educação**. 2. Ed. Porto Alegre: Artes Médicas. 1996.

FREIRE, Paulo. **Educação como prática de liberdade.** Rio de Janeiro: Paz e Terra, 1967.

FREIRE, Paulo. **Pedagogia do oprimido.** Rio de Janeiro: Paz e Terra, 2013.

FREIRE, Paulo. **Pedagogia da autonomia.** São Paulo: Paz e Terra, 1996.

FRIEDMAN, Thomas L. **O mundo é plano** – Uma breve história do século XXI. Rio de Janeiro: Objetiva, 2005.

GIANOLLA, Raquel. **Informática na educação:** representações sociais do cotidiano. 3. ed. São Paulo: Cortez, 2006.

GUATTARI, Félix. **As três ecologias.** 11. ed. Campinas: Papirus, 2001.

LÉVY, Pierre. **Cibercultura**. São Paulo: Editora 34, 1999.

MATURANA, Humberto. **Emoções e linguagem na educação e na política.** Belo Horizonte: Editora Universidade Federal de Minas Gerais, 2002.

MORÁN, José Manuel. O vídeo na sala de aula. **Comunicação & Educação**, n. 2, p. 27-35, 1995.

MOREIRA, Ruy. **O que é Geografia**. 2. ed. São Paulo: Brasiliense, 2012.

McCARTHY, J. **What is artificial intelligence**. 2007. Disponível em: <http://www-formal.stanford.edu/jmc/whatisai/>. Acesso em: 10 mar. 2017.

OAB. E-3.472/2007. Disponível em: <https://www.oabsp.org.br/tribunal-de-etica-e-disciplina/ementario/2007/E-3.472.2007> Acesso em 3 out. 2022.

PERRENOUD, Philippe. **Ensinar:** agir na urgência, decidir na incerteza. 2. ed. Porto Alegre: Artmed, 2001.

PONTUSCHKA, Nídia Nacib.; PAGANELLI, Tomoko Iyda; CACETE, Núria Hanglei. **Para Ensinar e Aprender Geografia**. 3. ed. São Paulo: Ed. Cortez, 2009.

PRENSKY, M.: Digital Natives Digital Immigrants. In: PRENSKY, Marc. On the Horizon. NCB University Press, Vol. 9 No. 5, October (2001a). Disponível em

<http://www.marcprensky.com/writing/>. Acesso em 13/Março/2008.

PRENSKY, M. **Digital Game-Based Learning**. Minnesota: Paragon House, 2001b.

RAMALLAL, Pablo Martín; SABATER-WASALDÚA, Jesús; RUIZ-MONDAZA, Mercedes. Metaversos y mundos virtuales, una alternativa a la transferencia del conocimiento: El caso OFFF-2020. **Fonseca, Journal of Communication**, n. 24, p. 87-107, 2022.

REGO DA ROCHA, Genylton Odilon. Por uma Geografia moderna em sala de aula: Rui Barbosa e Delgado de Carvalho e a renovação do ensino de Geografia no Brasil. **Mercator**, Fortaleza, v. 8, n. 15, p. 75 a 94, junho, 2009. ISSN 1984-2201. Available at: <http://www.mercator.ufc.br/mercator/article/view/270>. Date accessed: 26 july 2022.

RICH, E.; KNIGTH, K. **Inteligência artificial**. 2. ed. Rio de Janeiro: McGraw-Hill, 1994.

SERPA, Ângelo. O trabalho de campo em geografia: uma abordagem teórico-metodológica. **Boletim paulista de geografia**, n. 84, p. 7-24, 2006.

TISSEAU, Jacques; PARENTHÖEN, Marc. Modelização inactiva e outonomização. In: MORIN, Edgar; MOIGNE, Jean-Luis Le Moigne. **Inteligência da complexidade, epistemologia e pragmática.** Lisboa: Instituto Piaget, 2007.

TUAN, Yi-Fu. **Espaço e lugar:** A perspectiva da experiência. Londrina: EDUEL, 2015.